U0266099

冰雪摄影操作密码

BINGXUE SHEYING CAOZUOMIMA

数码摄影Follow Me

李继强/主编

黑龙江美术出版社

图书在版编目（CIP）数据

数码摄影follow me：冰雪摄影操作密码/ 李继强主编

哈尔滨：黑龙江美术出版社, 2011.6

ISBN 978-7-5318-3098-6

Ⅰ.①数… Ⅱ.①李… Ⅲ.①数字照相机：单镜头反

光照相机－摄影技术 Ⅳ.①TB86②J41

中国版本图书馆CIP数据核字(2011)第095996号

《**数码摄影Follow Me**》丛书编委会

主　编　李继强

副主编　曲晨阳　吕善庆　张伟明

编　委　臧崴臣　张东海　周　　旭　何晓彦
　　　　　唐儒郁　李　冲

责任编辑　曲家东

封面设计　杨继滨

版式设计　杨东波

数码摄影Follow Me

冰雪摄影操作密码

BINGXUE SHEYING CAOZUOMIMA 李继强/主编

出版　黑龙江美术出版社

印刷　辽宁美术印刷厂

发行　全国新华书店

开本　889×1194　1/24

印张　9

版次　2013年2月第1版·2013年2月第1次印刷

书号　ISBN 978-7-5318-3098-6

定价　50.00元

>>>>>>>>>>>>>>> Preface 序

　　我认识作者很多年了。他是摄影教师，听他的课，深入浅出，幽默睿智，那是享受；他是摄影家，看他的作品，门类宽泛，后期精湛，那是智慧；他还是个高产的摄影作家，我的书架上就有他写的二十几册摄影书，字里行间，都是对摄影的宏观把握。拍摄过程中的点点滴滴听他娓娓道来，新颖的观念，干练的文笔，以及对摄影独到认识，看后那都是启发。

　　这次邀我为他的这套丛书写序。一问，明白了他的意思，是从操作的角度给初学者写的入门书，专家写入门书，好啊，现在正好需要这样的专家！

　　"数码相机就是小型计算机"，"操作的精髓是控制"，"学摄影要过三关，工具关、方法关、表现关"，我同意作者这些观点。随着生活水平的提高，科技的发展，数字技术的突飞猛进，摄影的门槛降低了，拥有一架数码单反相机是个很容易的事，但是，拿到它之后怎样使用却让人们不得其门而入，摆在初学者面前的，就是如何尽快熟悉掌握它，《C派摄影操作密码》、《N派摄影操作密码》、《后期处理操作密码》……都是作者为初学者精心打造的。作者站在专家的高度，鸟瞰整个数码单反家族，从宏观切入，做微观具体分析，在讲解是什么的基础上，解释为什么操作，提供方法解决拍摄中的问题，引导新手快速入门。

　　把概念打开，术语通俗，原理解密，图文并茂，结合实战是这套丛书的特点之一。

　　风光、花卉、冰雪、纪念照，把摄影各个门类分册来写，不是什么新鲜事，新鲜的是—作者站的高度，就像站在一个摄影大沙盘前，用精炼的语言勾画一些简明的进攻线路。里面有拍摄的经过，构思的想法，操作的步骤，实战的体会。

　　本丛书帮助初学者理清了学习数码单反相机的脉络，作为一个摄影前辈，指导晚辈们少走很多弯路。作者从摄影的操作技术出发，图文并茂的给予读者以最直观的学习方法，教会大家如何操作数码单反，如何培养自己的审美，如何让作品更加具有艺术气息。"从大处着眼，从小处入手"，切切实实能让初学者拍出好照片。

　　不止是摄影，待人接物更是如此，作者是这么说的，也是这么做的，更是这样要求学生的。初学者要明确自己的拍摄目的，找准道路，用对方法，并为之不懈努力，发挥想象力不断去创新，才能收获成功！

　　几千万摄影人在摄影的山海间登攀遨游，需要有人来铺设一些缆索和浮标。

　　一个年近六旬的老者，白天站在三尺讲桌前，为摄影慷慨激昂，晚间用粗大的手指在键盘上敲击，"想为摄影再做点什么"，是作者的愿望。摄影需要这样的奉献者，中国的数码摄影事业需要这样的专家学者。

中国数码摄影家协会主席　李济山

前言

　　冬天是充满魅力的，怎么拍？拍什么？上哪拍？这些最基本的问题"需要有人来铺设一些缆索和浮标"这是中国数码摄影家协会主席李济山同志对我的告诫。为此我认真寻视了一圈图书市场，还真缺少一本针对摄影初学者所写的冰雪摄影方面的入门书籍。

　　冰雪摄影受地域、季节因素的限制，在风光摄影里算难度较高的了，做为一个教授摄影30余载的东北人虽然写了很多摄影方面的书，但却没有写过针对初学摄影者的冰雪摄影方面的入门书籍。在讨论这套丛书选题时，我决定把这些年讲授冰雪摄影的心得写成一本给初学者看的入门书。

　　近年来热爱冰雪摄影题材的人越来越多，许多冰雪摄影爱好者和少见冰雪的南方游客看到冰雪会欣喜会激动，会不停地按动快门，想通过镜头的神力表现好银白的童话世界。可回到电脑显示屏或把照片冲洗出来后，常常会发现与现场观察到的景象相差甚远。很大的原因是未掌握其拍摄要领，对冰雪摄影的特殊性缺少了解。

　　其实无论什么题材的摄影，都需要具备一定的摄影基础知识，如果对自己手中的相机还不甚熟悉，对摄影的基本知识一知半解，直接跨入题材摄影是勉为其难的。我在这本书里花了很大力气和篇幅，详细解读了单反相机的模式、按钮、菜单，为你掌握冰雪题材的操作方法，打下一个充实的基础。想拍好冰雪，必备的条件是熟悉手中的工具，了解最基本的操作和控制方法。没有这个基础条件去进行题材摄影会很艰难，因此有必要先从基础的角度搭建起沟通的平台，花一点篇幅引领初学者深入了解工具，对工具的熟悉与掌握是谈论题材摄影的最低门槛。工具操作关必须得过，只有过了这个门槛，你才能拿到冰雪摄影题材的入门钥匙。

　　还用图文的形式，结合我的冰雪拍摄体会，把冰灯、雪雕、雾凇的技术要点及拍摄方法，进行了实战指导，为如何去冰雪大世界、雪乡、雾凇岛提供了详细的出行攻略。

　　不少摄影初学者喜欢《数码摄影Follow　Me》这套丛书，喜欢人人能看懂的深入浅出的家常白话风格，我会尽量遵循这个风格，避免教科书式的用概念、术语去解释，把抽象的概念和枯燥的理论通俗，从实战的角度引领初学者去认知工具和拍摄方法，拍出自己心仪的作品。

李健强

导读

冰雪是摄影人所钟爱的创作题材。

寒冬腊月，大雪纷飞，当冰雪覆盖大地时，冰雪使这个世界变得有如童话般美丽，冰雪里的北方，也因冰雪的晶莹剔透而更显得更淳朴、迷人，而这时候，正是冰雪摄影的大好时机。

冰雪拍摄有三特点：

一是，天气寒冷。独特的拍摄条件，使操作比较困难，更需要熟练。

二是，场景异常。白天，茫茫一片白色，晚间，漆黑的背景上，冰灯反差极大，创作题材的特殊性，要求你掌握更多的操作技巧。

三是，被摄体特殊。雪地风光、雾凇、雪雕、冰雕、冰灯等，对曝光控制要求较高，和一般状态下的摄影不完全一样。

使用好数码相机，在理解的基础上，达到熟练操作，并拍出满意的冰雪作品是本书的目的。

本书11大特色：

1. 详细解读单反相机，加深对工具的再认识；
2. 理清菜单脉络，使你的操作快速进阶；
3. 把握明暗与色彩，解决冰雪曝光技术难题；
4. 解析测光方式，详解曝光补偿；
5. 解说冬季摄影装备，唠叨注意事项；
6. 哈尔滨冰雪大世界拍摄攻略；
7. 哈尔滨太阳岛雪雕拍摄攻略；
8. 中国雪乡拍摄攻略；
9. 吉林雾凇拍摄攻略；
10. 伊春大平台、漠河、魔界等拍摄简介；
11. 关于镜头、构图、光线、RAW、HDR都有妙解。

目录

第九章 Chapter nine

感受民俗，拍中国雪乡

第十章 Chapter ten

梦幻寻踪，拍吉林雾凇

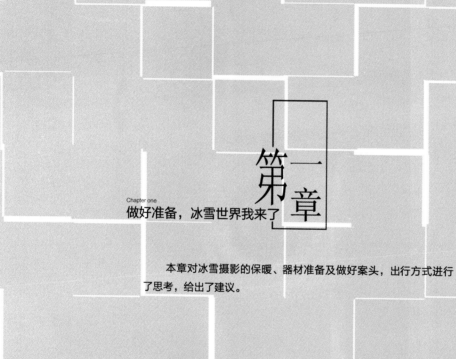

Chapter one

第一章

做好准备，冰雪世界我来了

本章对冰雪摄影的保暖、器材准备及做好案头，出行方式进行了思考，给出了建议。

拍摄前的准备

冰雪世界虽然寒冷，但景色却宛如童话，是众多摄影爱好者钟爱的题材。每逢冬季来临，东北大地被冰雪覆盖之时，便是冰雪摄影的好时机。白雪皑皑的雪乡、晶莹剔透的冰灯、妖娆多姿的雾凇等，都是摄影人乐于表现的题材。

但在寒冷的天气里拍摄是极富挑战性的活动，寒冷的环境无疑增加了拍摄者们的难度，因此，在外出拍摄前对着装，摄影器材，行为方式等方面要比其他季节多出几分留意，俗话说："工欲善其事，必先利其器"。冰雪摄影的自然条件恶劣，外出拍摄之前做好万全充足的准备，才会避免在寒冷地区因准备不足或疏忽而付出比其他季节更多的代价。

冰雪摄影的保暖建议

寒冷地区外出拍摄首先要务是自身保暖问题。保暖的内衣裤，脖套或围巾，带头帽的羽绒服，厚棉袜，方便手指活动拍摄的手套和一双厚底的雪地防滑棉鞋是一套轻便实用的防寒保暖装备。穿得暖了才会集中精力拍摄，否则是拍不好的。不过也不必过于恐惧寒冷，把自己里里外外裹得严严实实像个熊一样，行动都不方便了，必定会妨碍到拍摄的灵活性。北方的气候干燥，白天其实并没有想象的那么冷。

有些摄影爱好者从小到大就没见过几次雪，难得去冰天雪地走一次，自然要好好准备一下。就算你生长在北方，冬季外出摄影，准备一套合适的保暖装备，也是顺利完成拍摄计划的基本保障。

《雪乡留念》摄影 何晓彦

拍摄密码：尼康D300 相机 F11 1/500 秒 ISO 250 白平衡 自动

这是本书的作者在雪乡拍摄的纪念照片。"全副武装"给拍摄带来保证，尤其脚上的鞋套，给在雪地里穿行带来极大方便。

冰雪摄影的器材准备

准备好冬季外拍的行头后，出行之前需要考虑的就是自己手中的摄影"装备"了，摄影器材装备应该按需要尽量从简，精简配备是必须的。冰天雪地的环境带太多的器材配件用处不大，不但沉重而且收拾起来也麻烦，还要抽出精力照顾器材，用在拍摄和思考上的时间就会减少。

用什么相机和镜头，根据自己手中现有的装备而定，冬季外拍环境恶劣不方便来回换镜头，携带越轻便越好。一只主力镜头 24-70mm 加一支中长变焦的 70-200mm 足矣。如果你外出拍摄以旅游为目的，并不十分追求画质，只带一只 18-200mm 的旅游镜头可能更方便一些。

当然，无论你选择什么镜头，都必须熟悉自己手中相机的性能、特点，能够熟练掌握相机操控的各项基本操作，在抵达目的地后才能快速进入拍摄状态。除了主角相机之外，相关附件也应该做好充足的准备，比如摄影包、充电器、备用电池、存储卡、三脚架等等，避免在寒冷地区，因准备不足错失拍摄机会，留下现场遗憾。

摄影包的建议

出门远行一个适用的摄影包是必须要带的，常用的摄影包有腰包，挎包和双肩包。腰包便于携带但容量有限，不太适合出门远行，挎包的容量较大，常用的器材配件基本可以容纳，但挎包挎久了肩膀疼，遇到景物拍摄时还要放在地上是个缺点，双肩包容量最大也最省力，任何重物只要一上双肩就感觉轻松了。双肩包还可方便地携带三脚架，但它取放器材也不太方便，必须从肩上卸下来放在地上开拉链。

所以没有一种摄影包是万能的，用什么包要看自己的行程方式和具体需要而定。一般外出远行抵达目的地后，可以把摄影包放在寄宿地，拍摄时按着当天计划组装配备好相机，随身只携带必备的小件（如备用电池存储卡）无需背包外出拍摄，双肩包容量大可以把器材配件放在一个包里，放上一张物品清单集中存放方便查找，因此建议带一个双肩包出门远行。

三角架的建议

拍摄冰雪题材的作品三脚架是必不可少的。背得动尽量带一个。冬季早晚适宜拍摄的光线较弱，要保证画面的清晰必须在安全快门范围内拍摄才能保证相机的稳定，每个人手持拍摄的基本功不同，手持拍摄的安全快门速度也不相同，对于新手来说曝光速度低于 1/60 秒时就可能影响成像的清晰。一个较为成熟的摄影人手持极限也不应超过 1/30 秒，低于这个安全快门速度，极可能产生抖动造成照片模糊。

拍摄冰雪题材作品为了追求大场面全景深画面效果时，常常需要缩小光圈增加景深来表现，缩小光圈会增加曝光时间。如果曝光时间过长，相机会随着人体的自然晃动而摇晃，如不借用三脚架稳定相机必定会因为手持照相机不稳，造成画面模糊。

另外，早晚光线较弱和夜晚拍摄夜景时，把相机装在三脚架上拍摄是最可靠的。不少人的相机和镜头都不错，但就是不愿背上三角架。可是相机如果无法端稳，那么在机身和镜头上的投资都将化为乌有。再好的机身和镜头也无法发挥优势。带三脚架虽然是一件辛苦的事，最好克服困难把它带上。谁让我们爱上了摄影这一行呢，保证拍摄质量马虎不得。最终看到的高质量画面效果，也许会抵消你付出的辛苦。

《雪乡晨炊》 摄影 李继强

拍摄密码：佳能 5D Mark II 相机 24-70mm 镜头 F8 1/400 秒 白平衡模式 自动 ISO200 曝光补偿 - 0.3 金钟三脚架。篱笆墙分割着乡村，在自己的领地好像增加了很多安全感，你有这个感觉吗？早晨快 8 点钟了，炊烟才慢慢从烟筒里冒出，把我们这些等着拍炊烟的冻惨了。体验他们的慢节奏生活，日上三竿了，他们还躺在暖暖的热炕头上，看着我们这些自作多情搞"创作"的摄影人，像土财主看着自己的雇农一样，带着点得意，"老婆，给他们把火点着吧"，你看不起他们的生活，他们怎么看我们？思考中，快门声在寒风中脆响。

滤镜的建议

数码相机可以在后期调整出各种色彩效果，因此除了起保护作用的 UV 镜和可以吸收雪地反射光的偏振镜外，其他的滤色镜可以完全不考虑。

UV 镜有保护镜头的作用，在冰雪天地遇有不确定的因素导致镜头污秽时，用镜头布怎么擦拭都没关系，可以很好的保护镜头。

偏振镜可以消除偏振光，如雪地、冰面的反光，使画面的色彩饱和，是拍摄冰雪题材经常使用的滤镜。

遮光罩的建议

遮光罩是加戴在镜头前的常用附件，能够抑制杂散光线进入镜头，防止产生耀斑和灰雾，避免影像反差和清晰度受到影响。冬季野外拍摄时相机万一不慎掉落在冰雪地面，还可以防止镜头的意外撞击损伤，起到很好的保护镜头作用。遮光罩还可以避免手指误触到镜头弄脏镜头表面，影响照片质量。另外在拥挤的人群中，还能有效保护镜头不被挤到磨损。在雨雪天气，某种程度上可以起到为镜头遮挡风沙、雨雪的作用。是冬季外拍的必要附件之一。

电池与充电器

低温对相机电池的续航能力影响很大，所以在冬季外出拍摄时备用电池是十分必要的。因为电池受低温的影响容量会"缩水"，供电能量往往会出现电池耗尽的假象，致使无法继续拍照。此时，可把相机内的电池取出置于怀内贴身处，换上备用电池。换下来的电池接受体温保暖后电力会恢复。当你把接受体温后的电池重新装上使用时，会发现电量提示又满格了。两块电池这样轮番交替使用可以大大延长拍摄时间。充电器是必带的就不多说了。

存储卡的建议

存储卡是数码相机图像的存储介质。拍照时将光学信号转换为数字信号后存储在存储卡上。常见的存储卡的类型有 CF、SM、SD 等几种不同的类型。根据使用的相机不同，配备的存储卡类型不一样。

随着科技的进步，现在存储卡的容量越来越大，价格也越来越便宜。2005 年之前存储卡的容量还是以 MB 来计算的，几百元一张的

1 024MB 存储卡在当时还是一种奢求。为了获取更多的存储空间，曾流行过一段数码伴侣。而现在一张 4G 的 CF 卡还不到百元，SD 卡更加便宜。8G、16G 的存储卡也普及到了平民价格，给摄影人带来极大的方便和实惠。

目前的单反相机像素都很高，即使是 JPG 格式的照片，单一文件大小也有 5-7MB，RAW 格式文件更大，外出创作为了给后期留有更多的调整余地，我们还会建议用 RAW+JPG 格式拍摄，卡当然是容量越大越好。现在的价格这么亲民，建议多备几张存储卡，放开手脚拍摄。

《愤怒的大卫》摄影 李继强

拍摄密码：佳能 5D Mark II 相机 24-70mm 镜头 F16 1/400 秒 白平衡模式 自动 ISO200 曝光补偿＋0.3 佳能原厂偏振镜的使用，天空更蓝了，雪雕表面的反光减弱，有利于表现雪雕的质感。遮光罩避免了眩光，侧光的运用也是成功的前提。

冰雪摄影的小注意

发热贴是个好东西

严寒环境下最令人头疼的问题，是电池继航能力降低，出现电力丢失无法拍摄的情况，需要来回更换备用电池保证拍摄。

市面上有一种热敷理疗的产品俗称发热帖的小东西，可以帮助提高电池使用的环境温度。发热帖以铁粉、水、活性炭、蛭石和食盐作为主要成分。反应的原理是铁粉在空气中氧气的作用下发生氧化放热反应，热量释放的持续时间可达 8-12 小时。发热帖外包设计有自粘胶，可无痕迹的贴在相机电池舱外部，利用发热帖自行发热的特点，可做为相机电池保温的一个手段。

此外，发热帖还可以贴在身体的肩部、背部、腰部和关节部位对身体进行保暖。20 片装的不超过 20 元，平均每片成本不到一抉钱。小东西大用途，有备无患。

准备几个塑料袋

相机从寒冷的户外拿到室内，由于温差的关系容易发生结露现象，在镜头上会因温差变化冷凝"出汗"，机身内部的结露会对相机元件造成损坏，这是冬季外拍必须引起拍摄者注意的重要事项。

一般摄影爱好者都会有数码相机专用包，进入室内前要把相机放在摄影包里拉上拉锁密封，而且进到室内后不能马上打开，最好放在温度较低的窗台上，或者室内相对阴凉的地方放 1 个小时以上，让包内的温度慢慢与室温平衡后才可以打开包取出相机。

如果背着摄影包外出拍摄嫌罗索，备几个厚实的塑料袋也不失为一种方便实用的好办法。进入室内前先将相机装在塑料袋中密封（一定要密封才有用），当塑料袋内空气的温度达到周围环境温度时，再取下塑料袋（至少 1 小时后）。这样也可以有效防止结露现象的发生。

保暖水壶

东北的冬季气候干冷，出门备好热水，防止嘴唇干燥，顶着冰天雪地喝口热水有说不出的享乐。

备些零食

野外拍摄常常会错过用餐时间，随身备些零食，预仿体力消耗过大而又不能及时就餐造成的身体不适，比如随身携带少许巧克力，牛肉干或自己日常喜欢的方便食品。

预防感冒

东北冬季室内外温差可高达 40 度，骤热骤冷非常容易感冒，所以不要在出汗或衣物很少的情况下到室外，避免引起感冒。

防止冻伤

在室外活动过久，耳朵，手指等暴露部位

最易冻伤，如果这些部位有冷冻的感觉，应立即进行揉搓，加快血液循环，防止冻伤。

做好案头准备

冰雪题材的摄影创作并非信手拈来、唾手可得，陌生的题材和景点分布应该事先有所了解，避免抵达目的地后的随机性和目标不明确的被动。出发前做足出行前的功课，对你抵达目的地后，能最大限度地帮助你节省时间，迅速进入到拍摄状态，提高创作的效率。

现在发达的网络让案头准备工作变得非常轻松。我们可通过网络对拍摄景区的情况提前有所了解。参考别人写的游记攻略对当地的景点分布有针对性的了解，然后定出自己的拍摄意图，想要拍什么，如何拍，制订一个初步计划。抵达目的地后按照计划一步一步地去出行，什么时间准备到什么地方去，那些地方有哪些东西必需要拍，一份详尽用心的案头准备可以事先完成暖身，做一次心灵的旅行，其中的乐趣只有你亲手做过才能从中得到。而且拍摄旅程结束后，你可以把整理挑选后的作品和亲临的体验融入其中，放在个人的空间或博客上提供交流，为更多需要出行的人予以实时更新的帮助。

《冰灯的意外》摄影 李继强

拍摄密码：佳能 5D Mark II 相机 24-70mm 镜头 F2.8 1/60 秒 白平衡自动 ISO800 曝光补偿 -1 意外发生在从咖啡屋出来后，镜头上了哈气，结果就是这样。后来成了经验，需要作品朦胧时，就往镜头上哈口气，尤其是冬天，效果可强烈了。

第二章

Chapter two

题材缤纷，多角度理解与构思

揭秘各类冰雪题材的操作密码，对冰雪风光的特点、拍摄方法、雾凇摄影的特点及拍摄方法，还有冰灯、冰雕、雪雕、冰雪小品等，进行了要点分析，给出方法和技巧。

一、冰雪也风光

风光是摄影的一个大分支，冰雪是风光摄影的分支之一。冬季去中国东北三省进行冰雪风光摄影创作，是颇有情趣的。一望无际的茫茫雪原，银装素裹的锦亘山峦，玉树琼花的雾，晶莹剔透的冰雕，会使您的心情开阔，耳目一新，激发您的创作灵感。而滑冰、滑雪、打雪仗、骑马、狩猎活动，更可以使您在创作之余乐在其中，而且，坐在热炕头上温上一壶烧酒与热情豪爽的东北人交往，更会让您暖意融融。冰雪摄影有其独特的特点和拍摄方法，为了便于记忆我把其条理化，对你可能有帮助。

冰雪风光摄影的六个特点

一是，季节性，冬季是冰雪风光拍摄时机；

二是，地域性，冰雪风光一般分布在冬季的北方；

三是，温度较低，一般都是在零下；

四是，拍摄冰雪风光时，因天气较冷，数码相机在寒冷的天气里，要求操作快速，并时刻要注意相机的保暖；

五是，对人的保暖有较高的要求，避免冻伤，才会有一个好的创作心情；

六是，拍摄以带冰雪的风光为主，追求自然和原始的味道。

《全副武装的摄影人》 摄影 于庆文

拍摄数据：Nikon D80 18-200mm 镜头 F8 ISO200 1/250 秒 P 档 白平衡 自动 单次自动对焦 饱和度 +1 测光方式 矩阵

《影子的味道》 摄影 李继强

拍摄数据：Canon EOS 5D Mark II 24-70mm 镜头 F13 ISO200 1/1 000 秒 P 档 白平衡自动 单次自动对焦 饱和度 +3 测光方式 评价

冰雪风光的六种拍摄方法

一是，登高拍大景

站的高看得远，远取其势，近取其质的道理大家都明白啊。拍大景要注意找比例，用熟悉的物体做比例，表现场景的气势；找侧光，容易表现场景的层次和立体感；找线条，线条是画面的主要元素，巧妙运用线条引导视线是成熟的做法；找构图，大场面的构图是相对困难的，让出现在画面里的元素都有用，是重点思考的方向。

二是，长焦叼局部

比拍大景容易，选择喜欢的局部，用长焦拉回来，很简单。拍局部要注意找感觉，自己看了都没有感觉就别拍；找影子，不管是投影还是倒影，充分利用他们平衡画面；找情趣，看了让人感觉有意思，能唤起欣赏者读下去的愿望；找哲理，追求一点深刻，产生想象与联想。

三是，点测要基调

冰雪浅色调多，选择点测时的测光点很关键，测亮区会形成低调，测暗区会形成高调。每张作品都有自己的基本的调子，根据不同的题材营造不同的基调，让画面产生新颖感和陌生感。

四是，补偿品味道

想表现雪的洁白，大多数摄影人要选择正补，来突出雪的质感；但少数拍冰雪的大手，往往选择负补偿，将调子压暗，拍出冰雪的味道。几乎每张作品都要选择曝光补偿，补多少？根据自己的拍摄意图和表现的需求来定。

五是，包围好选择

曝光是摄影的根本问题，不满意相机给出的自动曝光量，包围曝光是最好的选择。要灵活选择包围的步长，步长选择大点，好选择。也可以在补偿的基础上实施包围。

六是，偏移选色调

白平衡是色彩还原的基础，在此基础上，设置白平衡偏移只需进行一次拍摄，可以同时记录 3 张不同色调的图像。如果设置自动包围曝光与白平衡包围曝光组合使用，则一次拍摄将产生 9 张图像。该方法对创作时色彩的把握帮助很大，是冰雪创作常用的方法，也是冰雪创作的思考方向之一。

二、神秘的雾凇

拍雾凇首推吉林市的雾凇岛，在冰封时节的吉林，草木都已凋零，万物也失去了生机，然而雾凇奇观却总能"忽如一夜春风来，千树万树梨花开"地降临北国江城。那琼枝玉叶的婀娜杨柳、银菊怒放的青松翠柏，千姿百态，让人目不暇接。

我把雾凇特点和拍摄方法的要点总结一下：

雾凇摄影的六个特点

一是，独特的地理环境。吉林省松花江下游雾凇岛的雾凇具有晶体厚度大、出现次数多、形成范围广、持续时间长的特点，被公认为最佳的观赏与拍摄地点。雾凇岛离吉林市近 40 公里，地势较吉林市区低，又有江水环抱，几十里不封冻的江面，冷热空气在这里相交，冬季升腾起的大雾常常笼罩着这个近 6 平方公里的小岛。看那些千年的榆树，一夜之间变成一片银白，玉枝垂挂，簇簇如松针恰似银菊怒放，晶莹多姿。雾凇的出现是每年的 12 月下旬到第二年的 2 月底，一年大约出现 60 多次。

二是，拍摄时机可遇而不可求。想拍到理想的作品需要具备四个条件：天气冷到零下 16 度以下，太冷和太暖都没有雾凇；上游小丰满电站放水。这是关键的条件，小丰满电站，每到冬季，尽管松花湖上一抹如镜、冰冻如铁，但冰层下面几十米深的水里仍能保持 4℃的水温，水温和地面温差大，当这些不冻的水放出来，造就沿江十里大面积的雾凇奇观；无风有雾的天气，有风雾凇留不住；有太阳的晴天，早晨有太阳升起，天空湛蓝，江水黝黑，大面积白色的雪地，挂满枝头的凇，流动的江水，弥漫的雾，光线在雾的缝隙里穿梭，人在雾里时隐时现。这样的拍摄时机一生难得遇到几次啊。

三是，雾凇之所以神秘，其实不在凇，而在雾。雾的虚无缥缈，时聚时散，使原本熟悉的物体产生了陌生感，这也是拍摄雾凇的挑战和吸引人的地方。有凇没雾，场景平常，有雾没凇，司空见惯，只有当两者都存在时，复杂的变化，稍纵即逝的瞬间，时隐时现的主体，那才是要真本事的时候。设置相机、观察主体、快速构图、抓取瞬间，一气呵成拍起来才过瘾、痛快，作品才有感觉和味道。

《摆渡》 摄影 李继强

拍摄数据：Canon EOS 5D Mark II 100-400mm 镜头 F7.1 ISO200 1/200 秒 P 档 白平衡自动 单次自动对焦 饱和度 +3 对比度 +3 测光方式 评价

四是，观赏与拍摄雾凇，讲究的是在"夜看雾，晨看挂，待到近午赏落花"。"夜看雾"，是在雾凇形成的前夜观看江上出现的雾景。大约在夜里十点多钟，松花江上开始有缕缕雾气，继而越来越大，越来越浓，大团大团的白雾从江面滚滚而起，不停地向两岸飘流。"晨看挂"是早起看树挂。十里江堤黑森森的树木，一夜之间变成一片银白。棵棵杨柳宛若玉枝垂挂，簇簇松针恰似银菊怒放，晶莹多姿。"待到近午赏落花"，是说树挂脱落时的情景。一般在上午 10 时左右，树挂开始一片一片脱落，接着是成串成串地往下滑落，微风吹起脱落的银片在空中飞舞，明丽的阳光辉映到上面，空中形成了五颜六色的雪帘。

五是，一天中拍雾凇的最佳时间是早上，因为雾凇是在早上形成的，所以要提早做好准备，太阳一出来就可以拍摄雾凇了。早上日出时的雾凇，可以逆光拍剪影轮廓，也可以顺光拍松柳凝霜挂雪的状态，随着太阳的慢慢升起，那红色的朝霞洒在白色的雾凇上的景色，变化之快，会使你的快门频频脆响。雾凇消失的时间，要看当天的风大不大，如果当天的风大的话，估计 9 点就开始掉下，运气好没风的时候，就可以维持到 11，12 点。傍晚雾凇岛的日落，也是很值得一拍的，尤其江对岸的树，伴着大大的落日，还有江面波光粼粼的倒影，别有味道。摄影爱好者们起早贪黑、爬冰卧雪，忍受东北的冬季零下 20-35 度的天气，为了就是拍雾凇。这个时候雾凇岛既是个寒冷世界，也是陌生的童话世界，寻找不常见的美，才更令人心动。

六是，要和当地的摄影基地有联系。盲目的前去，赶不上有雾凇是件遗憾的事，笔者就有这样的经历，后来学乖了，每次去之前，除了看天气预报外，都打电话联系。具体的电话可以到网上找。也可以 QQ 啊。

《世界也童话》摄影 李继强

拍摄数据：Canon EOS 5D Mark II 24-70mm 镜头 F11 ISO200 1/800 秒 P 档 白平衡自动 单次自动对焦 测光方式 评价

雾凇摄影的六种拍摄方法

一是，选好主体稍等待，升腾雾气能掩盖

利用雾能掩盖杂乱无章背景的特点，构好图后，看一下背景和画面，有干扰因素，就稍等一下，等待雾的流动来遮挡。

二是，横幅广角拍大景，竖幅长焦抓雾凇

选择高一点的拍摄地点，用横幅来表现雾凇的气势。因为挂满雾凇的树是竖线条，竖幅构图很容易表现，近景、特写用长焦更可以运用自如。

三是，强烈光线用评价，制造影调选点测

在直射光线下拍摄大场面，最好选择评价

《都是摄影惹的祸》摄影 李继强

拍摄数据：Canon EOS 5D Mark II　100-400mm 镜头　F7　ISO200　1/500 秒　P 档　白平衡自动　单次自动对焦 对前景手动选择自动对焦点　测光方式 评价

测光的模式，可以运用"白加黑减"的原则，适当调节画面的明暗，如果画面光线复杂，更是点测光的用武之地，测亮处压暗画面形成低调，测暗处提高雾凇的表现力。

四是，光圈要小不开大，要用细节来说话

光圈控制景深是常用的方法，在雾里拍凇，最好用小一点的光圈，充分表现雾凇的细节，加上细致精确的对焦，画面的质感才能打动人。尤其是特写画面更应该如此。

五是，注意比例选前景，反差适中增饱和

树有多高，场面有多大，关键在比例。常用的比例通常以人为参照，人在大场面里离镜头远一点，会显得场面很大。拍树时，人在树下，镜头离的稍远，让人作为比例出现在画面里，尤其是穿鲜艳的服饰的人，会给画面增色不少。冰雪风光作品的反差和饱和度要稍大一些，用

佳能单反的可以选择"照片风格"里的风光选项，在选项里调整反差和饱和度。用尼康单反的可以选择"优化校准"选项，在选项里调整对比度和饱和度，一般选项里的"锐度"适中就可以，调整多了容易出噪点。

六是，寻找故事找情节，标题已在酝酿中

表现孤独、空灵、孤寂要尽量减少画面语言。如果想表达故事和情节，就要让画面丰富和复杂起来，众多的语言和元素，合理的安排就会产生情节和故事，如人在画面里的嬉戏、某些拍摄行为、元素的不同的排列组合等。在寻找画面和构图时，要思考画面的意义，多问自己，我为什么要拍这个瞬间？有什么意义？我想表现什么？我想说明什么？我想告诉读者什么信息？准备给画面起个什么标题？

拍作品是智慧的行为，脑力胜过体力和武器乃取胜之道也。

三、璀璨的冰灯

哈尔滨的冰灯是永不重复的童话。创办于1999年的哈尔滨冰雪大世界，历经12年的成功举办，迄今已发展成为哈尔滨市无可替代的城市名片、世界著名的冰雪旅游品牌。

在冬天，我国北方的哈尔滨、吉林等城市都组织能工巧匠，以巧夺天工的技艺和匠心独具的艺术构思，把成千上万吨的冰块，雕刻出奇妙多姿的冰灯作品供人观赏。冰灯顾名思义就是把灯安装在冰里。白天堆积起来的冰的造型有点粗糙，可当夜幕降临，各种颜色的灯一起打开，透过晶莹的冰，璀璨的冰灯让人叹为观止。游人们哈着热气在冰灯的海洋里尽情嬉戏，爱好摄影的更是大显身手的好机会。怎样才能拍好冰灯？我来总结一下：

冰灯摄影的八个要点

一是，熟悉冰灯的造型特点

冰灯，是由一块块"冰砖"堆砌起来以后，将灯具安装在冰垛里，外形经人工雕琢而成的具有美感意义的艺术品。在冬日的阳光或在五颜六色的彩灯透射下，闪闪发光、晶莹剔透，充满神奇的色彩。冰灯造型千姿百态，规模大到亭台楼阁，小到动物及人物。白天灯光不起作用，冰垛结构表面粗糙，和天空、雪地顺色，所以拍摄冰灯一般都选择晚上灯亮起时。如果选择白天拍摄冰灯，要表现冰灯的造型特点，需要选择光线充足的蓝天，并大幅度设置相机的反差和饱和度，把冰灯与天空的反差拉开，作品才能表现出独特的艺术特色。

二是，掌握合适的拍摄时机

有经验的摄影工作者，往往会在冰灯刚开展的时候抓紧时机拍摄，因为此时的冰灯晶莹剔透，质感好，如果展出时间长了，冰灯经风吹日晒，造型及质感都将受到损失，会影响创作的效果。

白天拍摄冰灯，要注意选择较暗的背景，这样可以突出冰灯洁白如玉的主体。但如果其他相衬的人或景物缺少鲜艳色彩的话，拍出来的冰灯，就会显得单调乏味。

夜幕降临，华灯初放，是拍摄冰灯的最好时机。这时，天空呈现蓝灰色，衬托着五光十色的冰灯，更显得瑰丽迷人。

遇到瑞雪纷飞的夜晚，或者是皓月当空的时候，是大自然赐予的良好时机，用慢门把飞雪拍出线条（一般速度在1/15秒左右），两次曝光把月亮拍进画面也是常用的表现手法（第一次用广角拍摄场景，第二次换长焦镜头把月亮拍大）。也不要漏掉嬉戏的游人与马车等充满冬之情趣和具有温馨色彩的瞬间（可以选择后帘同步的方法来表现）。

三是，利用现场光拍摄

如果想在阳光下拍摄冰灯，切忌用顺光。冰灯本身反光能力强，顺光拍摄时，拍出的画面会呈现出一块死板的白光，影响冰灯的形象完整，让人看了很不舒服。在早晨及傍晚，利用光线角度小的侧光，选用光圈f5.6-8，速度1/8-1/4秒拍摄冰灯，能拍出富有立体感，影调柔和的照片。

《欧式冰堡》 摄影 李继强

拍摄数据：Canon EOS 5D Mark II 24-70mm 镜头 F5 ISO 6 400 1/1 000 秒 A 档 白平衡自动 单次自动对焦 饱和度 +4 反差 +5 测光方式 评价

如果是晚间在现场光下拍冰灯，要注意的是，冰灯是冰和灯的结合体，冰灯的灯光，是经过精心设计配置的，照度、布局以及色彩的组合都是恰到好处的。

晚间拍摄冰灯，一般不使用闪光灯，在大场景前，闪光灯根本就不起作用，要利用现场光拍摄，要利用镜头的最佳光圈，一般是 F8 或 F11，对焦要精确，要利用三脚架稳定相机，表现冰灯的质感。

四是，角度的选择要灵活

俗语说："远取其势，近取其质"。用广角镜头，选取高点表现大场面，用中长焦选取

精彩局部是拍摄冰灯的正常思路。当然，用广角镜头低角度贴近拍摄，追求变形，也是思路之一。左中右、高中低、俯仰平，在冰灯的海洋里都可以尝试用一下啊。说明书里有个线条图，可以参考一下。

正常角度

低角度

高角度

五是，构图要精心

晚间冰灯作品的构图，一般天空不用留得太多。要想作品"独树一帜"在拍摄中要加以

精心选择，要尽量考虑画面结构布局的合理性，主体与陪体要错落有致，均衡又富于变化。力求在突出主体的前提下，让画面简洁悦目。

构图时，焦点要对准冰灯有反差的地方，尝试开大光圈进行拍摄，努力让画面产生五彩缤纷梦幻般的感觉。还可在画面里拍进一些游人做参照比例。还有如透视、留白、对称、框架等构图手段都可以尝试。

先对焦后构图还是先构图后对焦要灵活运用。解释一下，先对焦后构图是对准主体对焦后，按住快门锁定焦点，然后，平移取景，拍摄。先构图后对焦是构好图后，手动选择"自动对焦点"。操作：按下自动对焦点选择按钮，用手轮或拨盘选择对焦点，确认后按下快门拍摄。

用三脚架拍摄时，可以采用"实时显示"屏幕取景的方法来构图，并放大焦点手动精确对焦，保证画面的清晰度。

六是，选择曝光补偿

曝光补偿多少主要看拍摄者的创作目的。我的一般选择是 -0.3，让画面有一种凝重感，避免发白，影响画面的反差和色彩。

七是，包围曝光

包围曝光是常用的曝光优选法，冰灯光线特殊，为了保证出片的正确曝光，并满足自己的拍摄意图，可以尝试。可以将驱动方式调整到连拍，按一下快门就可以得到三张不同曝光量的照片，给你选择的余地。

八是，白平衡偏移

白平衡是相机的色彩管理系统，在相机里调整白平衡偏移，可以得到不同色彩的照片，对于不同的色彩倾向有选择的余地，满足创意的需要。

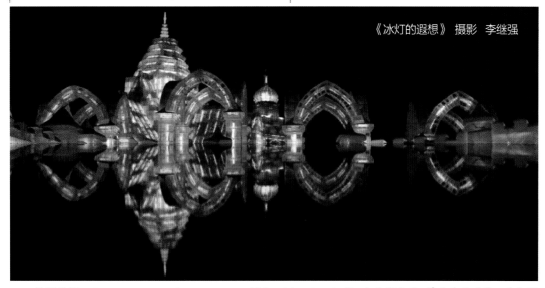

《冰灯的遐想》 摄影 李继强

拍摄数据：Canon EOS 5D Mark II 24-70 mm 镜头 ISO 6 400 A 档 白平衡自动 单次自动对焦 后期用软件制作出对称的倒影，增加画面的趣味性。

《城堡深处》 摄影 李继强

拍摄数据: Canon EOS 5D Mark II
24-70mm 镜头　F5　ISO 6 400　1/800 秒　A 档
白平衡自动　单次自动对焦　饱和度+1　反差
+2　测光方式 评价

四、晶莹剔透的冰雕

冰雕，是造型艺术之一的雕塑中的一种。只不过把雕塑的材料变成冰而已。冰雕艺术给人的感受是千姿百态、冰清玉洁、鬼斧神工，但冰雕本身不发光，需要在阳光下拍摄。

冰雕摄影的六个特点

一是，要了解冰雕的特点

冰雕分三种状态。一是圆雕，圆雕又称立体造像，指不附着在任何背景上，完全独立的可以四面欣赏的；二是浮雕：在平面上雕出凸起的形象；三是透雕，镂空浮雕的背景，就是透雕。

二是，突出拍摄的主体

冰雕的主题与冰雕摆放的环境，应该相融合，相辅相成。可在拍摄现场往往主体与环境是不协调的，要把干扰主体的物体排除出画面。

避免把不相干的物体拍进画面的具体的方法：一是角度法。根据主体的具体情况，可以选择低角度用天空做背景；二是遮挡法，拍摄

《冷静的沉默》 摄影 李继强

拍摄数据：Canon EOS 5D Mark II 24-70mm 镜头 ISO 200 A 档 白平衡自动 单次自动对焦锐度 +1 反差 +2 测光方式 评价

时离主体近点，用主体挡住不相干的物体；三是等待法，如果不相干的物体是流动的如游人，可以等待他们离开的空隙，抓紧拍摄，把画面拍的干净；四是后期法，可以在后期计算机里用软件把没用的语言裁切掉或擦除。

三是，注意背景的选择

1. 小型的冰雕可以利用树木、建筑等暗背景来拍摄；

2. 也可以开大光圈虚化背景；

3. 大型的冰雕可以利用天空做背景简洁又干净；

四是，大胆设置相机

1. 佳能相机可以选择照片风格" 风光 "，同时下拉菜单调整" 反差 "、" 锐度 "、" 饱和度 "；尼康相机可以选择" 优化校准 "里的" 鲜艳 "，同时下拉菜单调整" 对比度 "、" 锐度 "、" 饱稞 "；

2. 光圈的设置可以根据拍摄意图来选择，开大虚化背景，缩小把清晰范围加大；

3. 调整设置" 白平衡 "在还原平衡的基础上，尝试改变画面的色彩，方法是把白平衡的图标，反向使用，如日光下用" 白炽灯 "、晴天选择" 荧光灯 "等手段，强化主观色彩。

五是，有意识在画面里增加比例

大型冰雕多大？如果在冰雕下增加我们熟悉的东西做比例，如人物、动物等，可以一目了然衬托冰雕的体积和高度。

六是，不能曝光过度

正确曝光能显示冰雕的细节，过度曝光的冰雕是苍白的，质感会丢失。可以尝试各种曝光模式的同时采用" 曝光补偿 "、" 包围曝光 "或" 点测光 "+" 自动曝光锁 "的方法来保证曝光的正确。也可以运用上述方法按自己的曝光意图来改变曝光量，拍摄自己满意的作品。

冰雕摄影常用的拍摄方法

一. 逆光的方法

利用日光的照射方向，从逆光的角度来拍摄，突出冰雕的轮廓和质感。最好选择较暗的背景，这样有利于表现冰雕的晶莹剔透。

二. 低角度的方法

有旋转屏幕的相机，可以大显身手了，把相机贴近地面来取景，突出冰灯的高度，稍有点变形，在蓝天下画面干净简洁。

三. 高处俯拍法

到拍摄现场要选择高点，准备拍摄大场面。可以利用广角镜头，从高处俯拍，表现场面的宏大，追求气势。

四. 高反差的方法

把相机里的" 反差 "+" 饱和度 "调整到高反差和高饱和，冰雕会格外突出，天空会暗下去，强化冰雕的感觉。

五. 追求完美的构图

有五找：

1. 找框架来构图；

2. 找对称来构图；

3. 找构图的均衡；

4. 找陪体。注意大小、数量、位置；

5. 找被摄体需要充满画面与留白的画面。

六. 天色较暗时的拍摄

可以根据创作意图在冰雕后面用闪光灯加色片打出逆光。选择小一些的光圈，快门速度1/4-1/2秒，能突出冰雕晶莹剔透特点的同时增加色彩的味道。

《鱼的感受》 摄影 李继强

拍摄数据：Canon EOS 5D Mark II　24-70mm 镜头　ISO 200　A 档　白平衡自动　单次自动对焦　锐度 +1
反差 +2　闪光灯前加色片。

五、精雕细琢的雪雕

雪雕，又称雪塑，是以雪为材料雕刻塑造出的立体造型艺术，与冰灯、冰雕并称冰雪雕塑艺术。"是谁巧夺天工手，恍惚瑶台月下魂，莫怪雪肌寒彻骨，平生原不解温存。"——饮誉华夏、形态万千、洁白如玉的雪雕艺术，据考证原诞生于 800 多年以前的汴梁（今河南省开封市）。最早的雪雕作品是在 1963 年首届哈尔滨市冰灯游园会上才出现，在兆麟公园小南岛用天然雪雕塑的 2 米高、3 米长，背驮 7 层宝塔的大象，名曰"万象更新"的雪象开创了哈尔滨市雪雕艺术的先河，引起了轰动，吸引了许多游人观赏，从此生活在寒冷地区的人们开始酷爱起雪雕艺术。1993 年哈尔滨的第五届雪雕游园会，首次利用制雪机进行人工造雪，使雪雕的原料得到保证，使雪雕艺术在时间和空间上不受限制，而且人造雪坯还具备可塑性强，质地光白坚硬，观赏效果好，展示期长等特点，因而打开了雪雕艺术的新局面。

雪雕摄影的六个特点

一是，雕塑是摄影的被摄体吗？肯定的说，是。但如果只拍摄雪雕，当做摄影作品来发表，是不妥当的。因为雪雕是雪雕师的作品，想成为摄影作品，必须增加画面语言，雪雕作为被摄体之一，出现在画面里，或取其局部，或变形变色，或加上环境语言，总之加上作者主观的构思才能成为摄影作品。

二是，雪雕均是由白色雪构成，白色的雪在阳光下，反光极强，不容易拍出质感和层次，

要正确设置相机的功能，适当增加曝光补偿，才能达到正确曝光。

举例，雪雕发灰怎么办？曝光补偿 +0.3 或 +0.7 补偿雪雕就白了。

三是，雪雕往往集中摆放，拍摄时要选择好角度，避免重叠，有利于突出主体。可以把拍摄角度放低，也可以采用竖拍的方法。

四是，在阳光充足时，避免逆光拍摄，应该选择顺光或前测光，这样有利于表现雪雕的立体感。如果非要逆光拍不可，应该加补光，用反光板或闪光灯都可以。

五是，最好选择刚开园时，前去拍摄，雪雕洁白，质感强烈。时间一长，雪雕落了灰尘或局部融化，效果不理想。

六是，晚间雪雕的色彩效果。现在晚间有彩灯给雪雕打上色彩，也是拍摄的好时机，注意曝光量，在自动曝光的基础上，适当增加曝光补偿和调整白平衡是思考的方向。

《沉重的前行》摄影 李继强

拍摄数据：Canon EOS 5D Mark II 24—70mm 镜头 F7 ISO 200 1/500 秒 P 档 白平衡自动

《海的女儿》 摄影 李继强

拍摄数据：Canon EOS 5D Mark II　100-400mm 镜头　F7　ISO 200　1/500 秒　P 档　白平衡自动　单次自动对焦 手动选择自动对焦点　测光方式 评价

雪雕摄影常用的拍摄方法

如何化冰雪为神奇、化严寒为快乐拍好雪雕，可以在表现其庞大恢宏的气势、美仑美奂的景观效果时，用脑袋思考一下，让作品独具特色。

一是，大场面的高处俯拍。远取其势近取其质，是常用的思考。用广角镜头拍摄，选择镜头的最佳光圈，一般是 F8 或 F11。

二是，利用光线表现雪雕质感。注意光线的照射角度，按拍摄意图选择拍摄角度考虑光线的因素。尽量选择前侧光，表现立体的感觉。

三是，低角度拍摄躲开多余的元素。有些游人和树木影响画面的表现，把这些干扰因素排除在画面以外，利用天空的干净和色彩表现主题。

四是，雪雕往往有自己的情节，理解他，

同时加进自己的语言，让雪雕为自己的创意服务。"加进自己的语言"怎么加？可以是现场人，可以是现场摆放的小道具，也可以是后期的适当的组合。

五是，带不带环境？这个问题始终是拍雪雕纠结的问题。我的思考是要灵活处理，如果增加的环境符合自己的拍摄意图，就加上环境，如果环境没有用，反而干扰，就不加。不带环境怎么办？可以在取景时躲开，可以用雪雕挡住，也可以开大光圈虚化，更可以利用前景遮挡，实在不行后期裁掉，动动脑子。

六是，局部的魅力。变焦在选择上是灵活的，可以用不同焦段来选择。尤其是长焦，在局部选择上更是得心应手。雪雕有些局部是相当精彩的，可以选择拍摄。个人观点是，大特写不宜啊，终究是雪堆积而成，细节还是有限。

《关键是比例》 摄影 李继强

拍摄数据：Canon EOS 5D Mark II　24-70mm 镜头　F11　ISO200　1/500 秒　P 档　白平衡自动　单次自动对焦　手动选择自动对焦点　测光方式 评价

六、冰雪小品的理性与情趣

小品，因其小，拍摄的机会几乎遍地都是。在冰雪的世界里拍摄小品更是大有用武之地，层层叠叠雪的屋檐，树墩上圆圆的蘑菇状的帽子，裸露着枝干的植物上布满霜花，江边的一块冰、树下的一片叶、雪地里的一簇草、散漫着清冷的车辙等等，处处散发着智慧的芳香。

冰雪小品摄影时的六点思考

1.相机的设定

最好选择 P 档，在该档下什么都可以设定。拍小品需要思考的设定有：

光圈的大小

光圈大，景深浅，有利于表现虚实光系，光圈小，景深长，画面的清晰范围大，有利于表现细节。

速度的快慢

速度快，对运动体有凝固作用，也可以提高作品的清晰度，速度慢，可以表现动体的移动，没有冰冻的流水、星光的轨迹等。

感光度的高低

感光度高，可以提高快门速度，有利于手持拍摄，感光度低，可以提高作品画面的质量，避免噪点的出现。

白平衡的选择

一般选择自动，让计算机来计算，往往比人计算的准确。也可以选择图标的方式来对应客观的色彩，当然，更可以逆向思维，打破白的平衡来制造主观色彩。

对焦方式

一般选择单点对焦的方式。拍摄剧烈运动的物体，也可以选择连续自动对焦。单点对焦的方式可以选择"手动选择自动对焦点"的方法来精确对焦。

测光模式

一般选择评价测光，得到中间调的作品，也可以选择局部测光和点测来控制作品的影调，创作式的拍摄，选择点测＋自动曝光锁是制造个性作品的常用的方法。

曝光补偿

这是控制作品明暗的手段之一，想让作品凝重些，负补，想让作品明快一些，正补。

自动曝光锁

和中央重点、局部、点测组合使用，可以使曝光表现更灵活。

照片风格

佳能有 6 个选项可以选择，尼康可以在优化校准菜单里选择，使你的作品更有个性。

自动包围曝光

这是曝光的优选法，连续拍摄 3 张曝光不一样的照片，你可以选择 1 张满意的，不会浪费机会。

闪光灯设置

你要决定是作为主光出现，还是补光？设置发光量多与少，是否频闪等，是提高作品质量的好东西。

实时显示拍摄

屏幕比取景器大，看的更清楚，还可以放大对焦，从容不迫时可以选择使用。

《待客》 摄影 何晓彦

拍摄数据：NIKON D300 18-200mm 镜头 ISO 200 F10 1/1 000 秒 白平衡自动 单次自动对焦。

2.光线的观察

冬季光线非常柔和，阳光可以从较低的角度投射到建筑物的正面，是拍摄建筑的好季节。

较硬的直射光线，可以营造物体的立体感；

软的光线在加上雾气，可以制造朦胧的梦幻的感觉，有利于抒情；

利用光线的冷暖来拍摄，可以表达不同的感觉；

光线晦暗，可以表达失落、沮丧、孤寂等心情；

强烈光线可以提高快门速度；

侧光或前侧光可以提高作品的反差和立体感；

明暗的控制是作品基调的根本。

光线是制造画面的主要元素，没有光线就没有摄影，摄影人要注意观察光线和学会使用光线，沿着光线找作品是小品拍摄成功的要素之一。

3.角度的选择

角度是不同作品的区别之一。俯、仰、平、左、中、右，甚至某种极端的角度如垂直，对作品的影响极大；

角度和透视关系密切，不同的角度得到的透视关系差别很大，效果和表现的力度也相差较远；

小品拍摄时，面对一个被摄体从多个角度去观察、拍摄是聪明的行为；

小品拍摄时，选择角度要时刻注意光线的变化，两者是相辅相成的；

小品拍摄时，要注意画面里的反光和阴影的变化，变换角度表达意图。

《目光》 摄影 李继强

拍摄数据：NIKON D300 18-200 mm 镜头 ISO 200 F14 1/320 秒 白平衡自动 单次自动对焦 饱和度 +2 对比度 +2 使用 200mm 长焦端拍摄。去的有点晚了，雪雕有点脏，质感表现不舒服。

《雪韵太阳岛 风情意大利》 摄影制作 何晓彦

拍摄数据：Canon EOS 5D Mark II　24-70mm 镜头　F8　ISO200　1/250 秒　P 档　白平衡 自动

4.构图的取舍

构图是从混乱中寻找秩序；

好的构图是角度、元素、情节、瞬间的结合体，是排除干扰因素的结果；

小品构图要力求简洁，注意留白的运用。

5.想一下后期

带着后期的方法去拍摄小品，会使题材更广泛，可以拍摄的画面更多样；

小品拍摄追求深刻是思路之一，理性的对待被摄体，冷静地设置相机的功能，选择多样的拍摄的方法，而且时刻想着后期，是成熟摄影人的做法。

6.小品创作时的思考方向

1. 是什么感动了我？每次按下快门都要问自己，给自己一个按下快门的理由，可能这个理由很牵强，也可能很可笑，有理由就比没理由强，慢慢你就会敏感起来，这是个好习惯。

2.我想表现什么？当你明确了要表现什么，才能产生恰当的方法。

3. 我想说明什么？无外是提供两个信息，一个是事实信息，一个是情感信息。

4. 减法还是加法？减法是减去干扰因素，加法是加上情感含量。

5. 思考一下标题！好的标题，有时候，在按下快门之前就出现了，想好了。

6. 用试验的方法多拍几张！这是数码的专利，也是小品摄影最常用的创作手段，在试拍中寻找"正确"，在试拍中寻找"错误"，更在试拍中寻找乐趣！

冰雪的拍摄题材还有很多，如体现冰雪运动激情与动感的滑雪、速度滑冰、花样滑冰、冰舞等。体现民间冰雪运动与民俗的打冰尜、滑梯、爬犁、冬泳等，都是冰雪摄影范畴里拍摄的好题材，这些场面喜欢拍摄冰雪的摄影爱好者是不会放过的。还有就是把自己也拍进画面，给摄影人自己留个冷静的回忆，在冰天雪地里拍摄一些摄影人的行为，也是冰雪摄影的一部分。

第三章

熟悉相机操作，发挥相机的功能和性能

谈冰雪的拍摄方法与技巧是离不开工具的。本章介绍了在冰天雪地里如何快速操作、设置相机；讲解了实时显示拍摄方法的拍摄技巧；还有先构图后对焦的手动选择"自动对焦点"的方法、先对焦后构图的快门锁定方法、虚实表现、景深控制、曝光补偿、修正曝光量的方法、变焦镜头——快速灵活的拍摄方法等，目的是让摄影人熟练地用数码相机拍摄冰雪作品。

速控菜单——
快速设置的技巧

冰雪摄影是在冰天雪地里的摄影行为，我们在拍摄现场需要频繁操作的如光圈、速度、曝光补偿等功能，有更便捷的操作方法，那就是"速控菜单"的方法。

我们操作速控菜单的目的了解相机目前的状态，如果发现与拍摄意图不符，可以马上改变。关键的是在了解了怎样操作的基础上，明白这些数字、符号的含义及在该位置还会出现什么变化，当改变设置时，给选择以理由。

我用佳能单反相机来举例，介绍一下速控菜单的用法。

先认识一下速控菜单，在佳能单反相机里该菜单内容大同小异，操作方法基本一样。

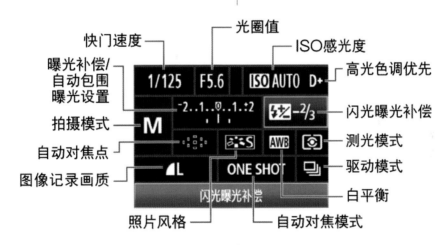

快门速度 —— 光圈值 —— ISO感光度
曝光补偿/自动包围曝光设置 —— 1/125 F5.6 ISO AUTO D+ —— 高光色调优先
拍摄模式 —— M —— 闪光曝光补偿
自动对焦点 —— 测光模式
图像记录画质 —— ONE SHOT —— 驱动模式
闪光曝光补偿 —— 白平衡
照片风格 —— 自动对焦模式

举例：如快门速度，现在看见的 1/125，含义是 125 分之一秒，你要判断这个速度的设置是否符合你的拍摄意图，是快了还是慢了，假如你现在拍摄时使用的是 70-200mm 的镜头，在 200mm 端手持拍摄，1/125 秒的速度，肯定慢了，容易拍虚了。假如你想把冰灯前的游人拍成虚化的效果，一般需要 1/2 秒左右，现在这个速度肯定是太快了。怎么办？操作多功能按钮或十字键，选择要改变的功能，被选择的功能会带一个边框，而且会改变色彩，所选功能的名称也会显示在屏幕的下方，这时你就可以根据意图改变速度的数值来满足拍摄需要，如果一次不满意，还可反复试验设置。

速控菜单有三种操作方法

一是，Q 键的操作

Q 键就相当于计算机里的快捷键，用起来非常方便，只要按一下该键，就会出现速控菜单。新出的 1DX、5D Mark III 的速控菜单就采用了 Q 键的方法。这个快捷键的方法也用在 7D、60D、550D、600D、1100D 相机上。

二是，DISP. 键的操作

500D 的速控键是 "DISP."；1Ds Mark III 、1D Mark IV 、5D Mark II 的速控键都是用 "INFO."；

三是，选择垂直按下多功能键的方式显示

速控菜单的具体操作步骤

一是，按下速控菜单按钮，（Q、DISP. 或 INFO.）屏幕显示速控菜单；

二是，操作多功能按钮或十字键选择功能，所选功能的名称显示在屏幕的下方；

三是，转动速控转盘或拨盘改变设置，改变的设置名称在屏幕下方显示；

四是，轻点快门，进入拍摄状态，快门按到底拍摄照片。

现在不同品牌的单反相机，性能、功能都大同小异，了解一款就基本上都能操作了，不同部分看说明书就可以了，操作是简单的，理解该功能的含义及什么时候、什么情况下使用，是需要下功夫的，只有熟悉相机，加深操作印象，在冰雪的拍摄中利用其快速操作完成设置才是硬道理。

《幸福的晚年》 摄影 李继强

拍摄数据：Canon EOS 5D Mark II 24-70mm 镜头 F8 ISO 200 1/500 秒 P 档 白平衡自动 单次自动对焦 手动选择自动对焦点 测光方式 评价 在寒风中，快速调节设置相机功能，靠的就是对速控菜单的熟练操作。

《老外制作的水平也不错啊》 摄影 何晓彦

拍摄数据: Canon EOS 5D Mark II 24-70mm 镜头 F8 ISO 200 1/800 秒 P 档 白平衡自动 单次自动对焦 对前景手动选择自动对焦点 测光方式 评价 选择垂直按下多功能键的方式显示速控菜单完成设置。

L——大文件的设置技巧

　　打开菜单选择文件大小，是拍摄开始必须进行的设置，冰雪摄影也不例外。

　　所有的单反相机的文件大小都有选择，一般是"大、中、小"或"L、M、S"。你的选择是什么？我先说我的选择，我永远选择"L"也就是"大"。理由一是，该相机的最大像素，可以得到较高的画面质量；理由二是，可以出大尺幅的照片。一旦作品要上画册或者获奖了，大像素是必须的；理由三是，给后期处理留有剪裁的余地，谁能保证自己的作品都不用剪裁呢；缺点是占用存储卡的容量较大。现在存储卡的容量都很大，已经不是什么问题了。我建议你也选择"L"的文件量。

《都是摄影惹的祸》 摄影 李继强

　　上图选择的图像大小是 L，它的文件量是 21M，像素的长边是 5 616 个像素，宽边是 3 744 个像素，在 2G 存储卡的容量里可以拍摄 250 张。经过剪裁后文件量还剩 9M，够用。

　　拍摄数据：Canon EOS 5D Mark II　100- 400mm 镜头　F9.1　ISO200　1/2 000 秒　P 档　白平衡自动　单次自动对焦　测光方式 评价　文件格式 JPEG　文件量 L

RAW 图片格式——
拍摄冰雪作品的最佳选择

在画质的选项里有两个选择：一个是 RAW，一个是 JPEG。你现在准备拍冰雪，选择了哪个？为什么？我先说我的选择，我选择 RAW+JPEG，什么意思？这跟我们需要的画质有关系。所谓画质，是我们对图像格式和像素分辨率的选项，大部分单反数码相机提供了 RAW 和 JPEG 两种图片格式，用来满足拍摄者的不同需求。

RAW 的原意是"未经加工"。可以理解为：RAW 图像是 CMOS 或者 CCD 图像感应器将捕捉到的光源信号转化为数字信号的原始数据。由于 RAW 是未经处理、也未经压缩的格式，可以把 RAW 图像理解为原始图像编码数据，或形象的称为"数字底片"。

RAW 格式的文件不能直接用常规的图像查看软件打开。需要使用购买相机时随机赠送的官方软件来打开和处理 RAW 格式文件。在软件提供方面佳能比尼康做得大方，官方正式版的 DPP 处理软件免费赠送给佳能用户，而尼康随机赠送的只是简化试用版，完整的正式版 NC 或者 NX 都需要额外花钱另购。

现在有不少图像处理软件开发了 RAW 显像处理功能，你也可以选择使用第三方应用软件来打开 RAW 格式文件。比如 Adobe 公司的 Photoshop 软件和 Lightroom 软件等。

需要注意的是，不同的相机品牌采用不同的编码方式来记录 RAW 数据，所以相应的后缀名也不相同。佳能的 RAW 图像后缀名是 CR2，尼康的后缀名是 NEF，索尼的后缀名是 ARW。

以 RAW 格式拍摄最大的好处是图像后期处理时能改变调整各种设置，让你一旦拍摄失败也有较大的机会补救。在冰雪摄影时因寒冷，很大一部分摄影人都会减少对相机的设置，尤其在夜间拍冰灯，可朔性很大，出现的很多问题，如曝光量、白平衡选项、照片风格选择等都可以在 RAW 格式下后期得到矫正。

在"画质"一栏里按下 SET 键进入选项，显示出 RAW 有 3 个选项，JPEG 有 6 个选项，并有两个横杠。它们可以分别设定，也可以 RAW+JPEG 组合设定，横杠表示不选择组合设定。

RAW 3 个选项分别为 RAW、sRAW1 和 sRAW2。转动主拨盘可以横向选择并按下 SET 键确认。sRAW1 和 sRAW2 是将像素分辨率改小后的 RAW 格式文件，即然选用 RAW 格式是为了追求高画质，选择小分辨率低像素的 sRAW 就没什么意义了。因此我不会选择使用 sRAW1 和 sRAW2。

在画质的表现上 RAW 比 JEPG 有着很大的优势，但图像文件较大，兼容性不强，需要大量的时间对 RAW 图像进行处理，对于后期基础较差，软件又不熟悉的拍摄者来说是一个巨大的工程，因此大多数拍摄者是采用 JPEG 格式拍摄。

JPEG 是一种最常用的图像文件格式，是一种有损压缩格式，能够将图像压缩在很小的储存空间，图像中部分原始数据资料会被丢失，容易造成图像数据的损伤。尤其使用过高的压缩比例，将使最终压缩后的图像质量明显降低。如果追求高品质图像，不宜采用过高压缩比。

但是也不要认为 JPEG 图像格式就差的很多，现在的 JPEG 压缩技术已经十分先进了，它用有损压缩方式去除的是多余的图像数据，在获得极高的压缩率的同时，也能展现十分丰富生动的图像，换句话说，就是可以用最少的存储空间得到较好的图像品质。它的最大优势是可以直接出片，不用后期处理转换格式。几乎所有的看图软件都可以用来查看该格式图片，并可直接冲洗照片。

JPEG 是一种有损压缩格式，而压缩比例对图像质量有很大的影响，在 JPEG 的 6 个选项中，有 3 种图像大小分别用 L、M、S 表示，压缩比越高，图像越小，损失也越大。

L 代表大图像，是相机最高像素的尺寸图像，M 代表中等尺寸的图像，S 是小尺寸图像。在这 3 种图像尺寸的英文字母前，各自有一个圆滑半弧型和锯齿状半弧型的图标。锯齿状半弧型的图标代表高压缩率，文件属性较小，圆滑半弧型代表低压缩率，文件属性较大。虽然在同一图像大小下的像素相同，但文件大小相差很大。

比如 50D 最大尺寸 L 的前面无论选择带圆滑半弧型的图标，还是选择带锯齿状的半弧型的图标，虽然都是 1 510 万像素，但压缩比不同，文件大小相差一倍！拍摄张数自然也可以多出一倍，我们已经了解到压缩比越高，图像质量损失越大，虽然高压缩比节省了空间，但损失的是画质。因此在 JPEG 格式的选项时，我永远使用最大的，也就是带圆滑半弧型图标的那个选项，因为画质对摄影人来说是最重要的。

至于 M 和 S 我永远不会去选择，为什么要把一个有 2 000 万像素的相机当作一台 500 万像素甚至 300 万像素的机器使用呢？如果说小尺寸是为了节省空间，那么用牺牲画质来保证

拍摄张数，拍的再多又有什么意义呢？况且现在存储卡已经很便宜了，一块 8G 的 CF 卡只有 120 元左右。没必要为了节省空间，而去牺牲画质。如果拍摄行为纯粹为了玩，纯粹为了即时所见上传分享，就另当别论了。不过这好象不是摄影人的行为。

选择高像素大尺寸另外的目的是为后期的剪裁留有余地，剪裁是你进行的二次创作，也是弥补减少遗憾的常用方法，用高像素大尺寸拍摄，剪裁掉一半画面，还剩近 800 万像素，如果设定为小尺寸拍摄，剪裁掉一半画面，片子就不能用了。

选择什么格式拍摄，和你的拍摄目的有关。一般性拍摄选择 JPEG 格式，当拍摄的照片很重要，或者对拍摄把握拿不准时，建议把图像格式设置调整到 RAW+JPEG 这一选项上，回到电脑前，效果可以接受的就直接采用 JPEG 出片，对有重要用途或对当时拍摄设置不满意的，再用专用软件打开 RAW 进行处理。

《大自然的玩笑》 摄影 李继强

拍摄数据：Canon EOS 5D Mark II 100-400mm 镜头 F9.1 ISO 400 1/1 250 秒 P 档 白平衡自动单次自动对焦 测光方式 重点文件量 L 该图选择的是 RAW，在后期用 DPP（买相机时附送的软件）简单处理了一下。

实时显示——
从容不迫拍冰雪

对于在寒冷天气里，哈着热气，用眼睛在小小的取景器里观看取景，真是困难的事。架上三脚架，启动实时显示拍摄功能，将液晶显示屏当作取景器使用，100% 的视野率让取景、构图变得更加容易，通过液晶显示屏对选择的对焦位置进行放大观察，实现更精确的合焦，使冰雪摄影变得从容不迫。

实时取景功能不是什么新鲜事，在所有卡片机上都采用实时取景的方式进行拍摄，是一种广泛应用的通用技术。但作为数码单反相机来说，却给拍摄方法带来了很大的变革，因为单反相机的取景方式，原本是通过镜头的光线经由内部的主反光镜进行反射，引导至光学取景器内，供拍摄者进行观察的。只有在进行拍摄的瞬间，主反光镜才会弹起，让光线照射在图像感应器上来完成拍摄。而实时显示拍摄是将主反光镜升起至一定位置后将其固定，使通过镜头的光线直接射向图像感应器，将捕捉到的图像直接显示在液晶监视器上。100% 视野率显示的图像与实际拍摄得到的图像几乎一致，最终结果基本不会出现偏差，而且能够在快门释放前，从图像感应器获得各种数据进行模拟调整。

比如"曝光模拟"这个功能，可在液晶显示屏上直接看到设定的曝光组合是亮是暗，方便你调整设定正确的曝光，并在观察成像效果的同时进行拍摄。最近流行起来的单电和微单就是借用了这种显像原理。

经过实战检验，用实时显示拍摄冰雪，效果很爽，我详细说一下实时显示拍摄时的设置与使用操作，让更多的摄影人加入到实时显示拍摄的行列里来。

在实时显示功能设置项下，按 SET 按钮进入选项，在这个选项里面的设定比较多，一共有 6 个子项（有摄像功能的还会多一项短片的设置）。

一是，实时显示功能设置

在菜单里设置选择为"启动"。将其设定为启动是方便的，想要进行实时显示拍摄时只要按一下"实时显示"按钮就会立即切换到这个模式上，再按一下按钮又切换回正常拍摄模式。两种模式互不干扰。

二是，曝光模拟

在菜单里设置选择为"启动"。将其设定为启动后，液晶显示屏会以接近现实拍摄的结果显示图像，根据屏幕显示的效果，去设置快门速度、光圈值和 ISO 感光度，如果进行曝光补偿，图像的亮度会随补偿量发生变化。画面呈现的效果就是你最终拍摄的效果，非常直观实用。

三是，网格线显示

初学者应该选择使用网格线，它可以帮助你保持拍摄画面的垂直和水平，另外井字形网格线的交差点又被称为"黄金分割点"，在构图上有着很大的作用，在以后的拍摄攻略章节里会重点介绍。用取景器拍摄无法免费使用网格线，需要另外购买 Ef-D 对焦屏才能用上这个功能，而在实时显示拍摄时，免费提供了这个功能。

这里面有两个选项，一个井字型一个多格型，井字型符合我们的拍摄习惯，对于把握图像的水平和垂直位置以及构图都有帮助，而多格型看上去显得很乱，因此建议设置选择为井字型的网格线。

四是，静音拍摄

实时显示拍摄中，静音拍摄模式 1 使用的是电子前帘快门和机械后帘快门。从工作原理上分析，前帘快门属于电子处理，应该比普通拍摄的动作声要小。虽然说模式 2 的构造本身与模式 1 相同，但是在释放快门之后只要是完全按住快门按钮，这段时间内快门帘不会为了下一次拍摄而回位，因此能将动作音控制到更小。但我实际测试的结果没感到有太大差别，设置为哪个模式都无所谓。

五是，测光定时器

光圈快门组合值的显示时间，默认设置为16 秒，不用更改足够用了。

六是，自动对焦模式

有 3 种自动对焦模式可供选择："快速模式"、"实时模式"和"实时面部优先模式"。无论哪一种模式，都需要用 AF-ON 启动自动对焦，与我们用光学取景器半按快门的习惯有所不同。

快速模式：在按下 AF-ON 键启动自动对焦时，液晶显示屏会暂时出现黑屏，出现比快门释放要大的响声（主反光镜下降的原因），然后恢复正常。相机将使用和光学取景器一样的 9

点自动对焦方式完成对焦，根据就近对焦原理，你无法控制希望合焦的位置，操控对焦非常困难，实用性不大。唯一的优点是自动对焦速度，在实时显示拍摄模式下是最快的。

实时模式：可以移动对焦框来进行对焦，对几乎整个画面的任何位置都能进行对焦，而不会像取景器拍摄时那样受对焦点布局的限制。由于能够自由设置对焦框的位置，可以构好图后实施对焦，移动到位的对焦框不会自动消失，所以不需使用对焦锁定。

另外，还能对任意部分进行放大显示，实现更精确的合焦。在自由移动对焦框至希望对焦的位置后，按下 AF-ON 键启动自动对焦时，对焦框变为绿色，并出现我们熟悉的合焦提示音，表示合焦成功，此时可按下快门完成拍摄。缺点是对焦速度较慢。

实时面部优先模式：是一种搭载面部识别功能的智能对焦模式，不少卡片机都搭载了这种功能，当检测出面部后，液晶监视器的画面内会自动显示白色的对焦框。如果人物出现横向移动，对焦框能够自动进行追踪。当对焦框位置与希望合焦的面部重合时，按住 AF-ON 按钮启动自动对焦，当完成对焦后，对焦框将由白色变为绿色。此时可按下快门完成拍摄。可以把它看成一种娱乐模式，偶尔用之别有乐趣。

实时显示拍摄最大的乐趣，并不是上面提到的自动对焦模式，而是使用三脚架采用手动对焦的方式进行拍摄，佳能在宣导画册上称"实时显示拍摄时采用手动对焦进行对焦的方式，具有足以颠覆 35mm 单反相机常识的高对焦精度。使用放大显示及手动对焦，任何人都能够轻松获得专业水准的合焦效果"。如果你切身体验后，会觉得这话说的一点也不夸张。

如果采用手动对焦的方式进行拍摄，就不必理会实时显示拍摄的自动对焦模式了，因为采用其中的任何一种模式，都能够以手动对焦模式合焦。实时显示手动对焦特别 适合冰雪风光和冰灯夜景的拍摄。

《江畔冬景》 摄影 何晓彦

拍摄数据：NIKON D300 18-200mm 镜头 速度 1/320 秒 光圈 9 ISO200 白平衡自动 曝光补偿 -0.67

操作过程：首先将相机固定在三脚架上，然后将镜头侧面的对焦模式开关由 AF 滑动至 MF 位置上，在实时显示的屏幕上调整整体图像及构图。

用多功能按钮移动对焦框，确定希望精确合焦的位置，按下放大按钮，先用放大 5 倍显示进行对焦，也可以直接采用放大 10 倍显示进行对焦，进行放大显示后，手动操作镜头上的对焦环，能够在液晶屏幕上非常直观地观察到希望合焦部分的清晰程度。

由于进行了放大 10 倍显示，在液晶屏幕上可以轻松的观察到调焦的清晰程度，在确认被摄体及其周围环境没有发生变化后，用快门线或 2 秒自拍方式轻轻释放快门，完成拍摄。 这个过程真的会让你获得专业水准的合焦效果！

《城市的边缘》 摄影 何晓彦

拍摄数据：NIKON D300 18-200mm 镜头 快门速度 1/400 秒 光圈 10 ISO200 白平衡自动 曝光补偿 -0.33

先构图后对焦 —— 手动选择"自动对焦点"的方法

自动对焦是数码相机通过电子及机械装置，自动完成被摄物体的对焦使影像达到清晰的功能。当你举起相机构好图，轻点快门，听见相机里发出蜂鸣音，表示对焦完毕，可以拍摄了，你马上就按快门吗？错，应检查一下对焦点的位置！

迅速选择自动对焦点是拍摄成功的关键。在自动对焦点呈全自动状态时，相机会自动判断焦点的位置，根据就近对焦的原理，相机自动选择的焦点位置，未必是你想要的对焦位置。例如，你想对取景器中的树挂的树干进行对焦，而相机根据就近对焦的原理，选择的可能是树干前方的枝条，此时就需要用自动对焦点选择功能，进行自动对焦点的手动选择来确定焦点位置。

使用的方法很简单，拍摄时用拇指按一下自动对焦点选择按钮，显示出当前使用的对焦点，如果不是你想要的对焦点，可以通过机身背面的速控盘、多功能选择键和主拨盘，都可以用来滚动选择相应的对焦点，非常适合先构图后对焦的拍摄方法，尤其是拍摄冰灯、冰雕、雪雕等，这些静止不动的被摄体。如遇到对焦困难的地方，如反差极小的冰面，雪面，还可以进行焦点的选择。

注意几个细节

一是，按下自动对焦点选择按钮后，要在 6 秒钟内开始操作，如果没在 6 秒内开始操作，想操作就需要再按一次；

二是，按下该按钮后，在取景器和液晶屏里将发亮显示对焦点，如果显示的地方不满意，就可以用速控转盘、拨盘或多功能方向键选择对焦点，对到需要清晰对焦的被摄体上；

三是,这个方法叫"手动选择自动对焦点";

四是，如果想恢复"自动对焦点"的方法是，在转动中，所有对焦点都亮起，就是自动对焦了；

五是，想直接选择中央对焦点，垂直按下多功能方向键就是中央对焦点；

六是，全自动模式下，相机自动设置自动对焦点，不能用自动对焦点手动选择的方法。

七是，要想手动选择自动对焦点，需要把镜头的自动对焦开关，调整到 AF。

先对焦后构图的方法——快门锁定

当被摄体的清晰度放到首位时，而且，被摄体还是运动的，可以选择这种对焦方法。当然，也有一部分摄影人，喜欢中央对焦点，不管被摄体是运动的还是静止的，都喜欢用中央这个点，这时也可以选择先对焦后构图。

具体操作方法

轻点快门用中央对焦点对焦，听见蜂鸣音后，根据构图的需要，向左或右平移相机几厘米，完成构图，快门按到底拍摄。

注意几个细节

一是，对准被摄体半按快门对焦后，按快门的手指不要抬起，始终按着，这样对焦点就被锁定了，说明书上叫"快门锁定"；

二是，如果被摄体是由左向右运动的，画面右方要多留点空间，相机要根据构图需要，平行向右移动完成构图；

三是，半按快门重新构图时，相机一定是或向左或向右平行移动，不能前后移动；

四是，合焦时，合焦的自动对焦点将闪动红色，在取景器里的合焦指示灯也会亮；

五是，如果合焦指示灯闪烁，表示合焦失败，需要重新尝试对焦。

六是，听不见提示音？在菜单里把"提示音"选择"开"就可以听到了。

《"老大"的梦想》 摄影 何晓彦
拍摄数据：NIKON D300 18-200mm 镜头 快门速度 1/500 秒 光圈 11 ISO200 白平衡自动 曝光补偿 -0.67
注：狗的名字叫"老大"。

虚实表现——景深控制的方法

什么是景深？通俗的回答，就是当焦点对准被摄体后，被摄体前后的清晰范围。不同的光圈下，景深效果是不一样的，当然，影响景深的因素还有很多。

怎样控制景深？有四个要素。

一是，控制光圈

尽量选择大光圈，光圈选择的越大，如F2.8，被摄体前后的清晰范围就越小，于是，被摄体清晰了，前后的环境模糊了，这是突出主体的好方法，也是控制画面里的多余语言的方法。反之，选择小光圈，如F11，光圈选择的越小，被摄体前后的清晰范围越大，所以适合拍摄风光等大场景，也适合拍摄集体照等实用摄影。

二是，控制镜头焦距

焦距越长，如200mm，景深越短。焦距越短，如24mm，景深越长。长焦距如果与大光圈结合，背景的虚化效果那是相当的好。短焦距如果再加上小光圈，清晰范围那是非常大的。

三是，镜头与被摄体的距离

距离越远清晰范围越大，景深越长。反之，距离越近清晰范围越小，景深越短。

四是，被摄体与要虚化的背景的距离。距离越远虚化效果越好

短焦距＋小光圈＋远距离＝景深长，清晰范围广。

长焦距＋大光圈＋近距离＋远离背景＝景深短，清晰范围窄。

出现在画面里的都是语言，很多语言对画面没有帮助，摄影又是现场艺术，实在躲不开怎么办？虚化它！这是使用景深技术的思考方向之一。

《雪乡一角》 摄影 何晓彦

拍摄数据：NIKON D300 18-200mm 镜头 快门速度 1/500 秒 光圈 11 ISO250 白平衡自动 曝光补偿 −0.33 用 18mm 端贴近拍摄。

《离别，一首呜咽的歌》 摄影 李继强

拍摄数据：Canon EOS 5D Mark II 100-400mm 镜头 F20 ISO200 1/1 600 秒 P 档 白平衡自动单次自动对焦 测光方式点测 文件量 L 曝光补偿 - 0.7 后期用软件把边角压暗。

曝光补偿——修正冰雪作品的曝光量

曝光补偿是用于改变相机设定的标准曝光值的，可以使图像显得更亮（增加曝光量）或者更暗（减少曝光量）。我们已经知道数码相机的曝光除了 M 档外，都是建立在相机认为的正确曝光基础上设计的自动曝光程序。给定光圈，速度自动，给定速度，光圈自动，无论你调整设置其中哪一个参数，曝光量都是不变的，按理说自动曝光以准确为目的，拍出的照片应该能正确还原肉眼所见的场景，大多数情况是这样的。但有时侯却适得其反，拍出来的照片比我们所看到的要么太暗，要么太亮。这是因为相机的自动测光发生较大偏差的缘故。比如我们在拍摄雪景时，白色的物体会让相机的测光系统误以为环境很明亮，自动减少曝光量而造成曝光不足。当被拍摄的白色物体在照片里看起来发灰发暗的时候，就要人为增加曝光量，简单的说就是" 越白越加"，摄影圈里所说的" 白加黑减"就是这个道理。

曝光补偿可以让拍摄者根据自己的想法调节干预照片的明暗程度，创造出人为制造的视觉效果，对于成熟的摄影人来说，几乎每张创作的作品都离不开曝光补偿，有些作品的味道都来源于曝光补偿的参与。

可以在菜单里调整曝光补偿，与通过启动速控屏幕调整的结果一样，从方便快速的角度讲，用速控转盘调整曝光补偿来的更方便。

白平衡——
冰雪摄影的色彩管理

白平衡，从字面上理解就是白色的平衡，人的眼睛不论在什么色温的光线下，所看到的白色物体都是白色，这是因为人的大脑，可以侦测并且更正不同色温条件对白色物体映象的影响，但是数码相机就不可能这么智能了，为了贴近人的视觉标准，在不同的色温条件下，设计者以白色为基准，设计出不同色温条件下去正确还原白色的程序，用在相机上就是所谓的自动白平衡，用英文缩写 AWB 来表示。它的设计依据和工作原理是在高色温的光线条件下，以等量的低色温来校正还原白色，在低色温光线下会用等量的高色温来校正还原白色。

用自动白平衡模式拍摄冰雪作品在绝大多数日光环境下，都能够正确还原自然界的真实色彩，但在极端的色温条件下，仍然会遇到自动白平衡不准的现象。这是因为数码相机的自动白平衡模式与拍摄光线的色温条件经过平衡后，没有达到设计的标准色温值的缘故。为此在相机中除了白平衡的自动模式（AWB）外，菜单里还提供了钨丝灯模式、白色荧光灯模式、日光模式、闪光灯模式、阴天模式、阴影模式、K 值调整模式、自定义模式等多种不同的色温场景模式，供拍摄者在拍摄冰雪作品时，应对不同的场景来对应选择。

在拍摄冰雪作品时，如果是比较典型的色温环境，白平衡场景模式比自动白平衡更有利于现场色彩的还原。比如在阴天或者阴影的拍摄条件下，用"阴天"和"阴影"的模式去匹配对应的高色温环境。还原的色彩基本接近于现实，而用自动白平衡模式拍出的画面会偏蓝。不过，根据表现意图主观让它偏色会产生意外的艺术效果。比如在日光下拍雪景，日光下的色温是 5 200K，如果有意将现场色温条件与场景模式设定不一致，就会偏色。白色荧光灯模式的色温是 4 000K，用 4 000K 的色温去平衡 5 200K 的色温环境是不对等的，有 1 200K 高出的色温值不能被平衡，而高色温我们知道是偏冷的。因此用白色荧光灯模式拍日光下的雪景是蓝色的。

拍摄冰雪作品时，白平衡日常设置建议为 AWB 自动，因为大多数情况我们希望得到真实的现场色彩，而在光源不复杂的条件下，自动白平衡模式基本能将现实色彩正确还原，不会出现偏色。

白平衡可以通过菜单设定，也可以通过机身上的多功能按钮，启动速控屏幕进行选择设定，转动机身背面的速控盘可以在 ±2 级间以 1/3 级为单位调整设定正补偿或负补偿。还可以通过机身右肩屏上的白平衡选择按钮进行设置，不过后两者无法设定具体的色温值。调节设定 K 值只能进入到菜单里设定。

另外有一种值得推荐的办法是：用 RAW 格式拍摄冰雪，因为无论拍摄时采用了什么白平衡模式，在 DPP 软件里都可以重新选择希望的白平衡效果。

《堕落，经常出现的行为》 摄影 李继强

拍摄数据：Canon EOS 5D Mark II 100－400mm 镜头 F5.6 ISO200 1/1 600 秒 P 档 白平衡自动 单次自动对焦 测光方式 点测 文件量 L 曝光补偿 −0.33 后期用软件把边角压暗。

变焦镜头——
快速灵活拍冰雪

变焦镜头是在一定范围内可以变换焦距、从而得到不同宽窄的视场角，不同大小的影象和不同景物范围的照相机镜头。在拍摄冰雪作品时，变焦镜头在不改变拍摄距离的情况下，可以通过变动焦距来改变拍摄范围，因此非常有利于画面构图。

现在非常流行变焦镜头，从 EF 8-15 mm 的鱼眼到 EF16-35mm 的广角变焦，甚至有 EF 28-300mm 的十倍变焦。

由于变焦镜头可以兼担当起若干个定焦镜头的作用，在拍摄冰雪作品时不仅减少了携带摄影器材的数量，也节省了更换镜头的时间。

我的看法是，是方便了，省事了，可丢掉的是画面的质量，这也是定焦 50 mm 回头的原因之一啊。话说回来，科技的进步，变焦镜头的科技含量也在不断增高，对于冰雪作品来说，一般的用途，使用变焦镜头还是说的过去的。

广角端的大场面

用变焦镜头的广角端，在加上小一点的光圈，拍摄大场面是冰雪摄影的常用的方法。

具体要注意三点：

一是，拍大场面要选择高点。避免被摄体重叠的同时，正确大场面的气势和大信息量；

二是，寻找适合使用广角镜头的场景很关键。一般选择透视非常明显的狭隘场面，才能发挥广角镜头的特点和力量；

三是，前景很关键，配体的环境也不能忽略。试试大场面的冰灯、雪雕吧。

中焦段的人物活动

记录冬天的人物活动是中焦的强项，如冰上婚礼，冰上游戏等。

具体要注意三点：

一是，抓取人物的精神面貌，不能离得太远，还要带一定的环境来烘托；

二是，中焦段镜头所表现的景物的透视与目视比较接近，能够逼真地再现被摄体的形像。使用时要把功夫下在，画面质量上。

三是，拍活动要选择稍高一定的视角，避免人物前后重叠。

长焦端的特写

冰雪摄影在长焦的使用上，一般是拍摄远处的景致，当然，也用于人物的特写。我这里还要说一下拍摄冰灯、冰雕、雪雕及冰上活动的特写，长焦也是长项。

具体要注意三点：

一是，视角小。适用于拍摄远处景物的细部和拍摄不易接近的被摄体；

二是，景深短。能使处于杂乱环境中的被摄主体得到突出，但给精确调焦带来了一定的困难，如果在拍摄时调焦稍微不精确，就会造成主体虚糊；

三是，要充分利用这种镜头具有明显地压缩空间纵深距离和夸大后景的特点。

《岁月的画笔》 摄影 何晓彦

拍摄数据：NIKON D300 18-200mm 镜头 快门速度 1/320 秒 光圈 14 ISO200 白平衡自动 曝光补偿 -0.33 用 200mm 端远处抓拍。

第四章

Chapter four

寻求变化，冰雪作品的构图

优秀的冰雪作品是与合适的构图密不可分。本章分析了黄金分割在冰雪作品中的运用，分析了冰雪作品中的景别选择、突出主体的方法及框架、留白等构图技巧。

一、黄金分割在冰雪作品拍摄中的运用

黄金分割是一种数学上的比例关系。具有严格的比例性、艺术性、和谐性，蕴藏着丰富的美学价值。我们常说的黄金分割率其实就是指黄金矩形的长宽之比，该比例能够给画面带来美感，令人愉悦，在很多艺术品以及大自然中都能找到它。

黄金分割在摄影的运用可以归结为三点：

一是，画幅的规定

画面必须是长方形的，可以是横长方，也可以是竖长方；其实，这点在相机设计时就考虑到了，我们现在使用的单反相机的取景窗，就是按黄金分割的比例设计的。

二是，地平线的位置

地平线或水平线应在画面的三分之一处，可以是上三分之一，也可以是下三分之一，不能放在中间。

三是，趣味中心的位置

人物或拍摄的主体，应放在黄金点上。什么是黄金点？就是把画面横竖平均分成三等份，在出现的井字格上的四个交叉点，就是黄金点。

我们了解了黄金分割的含义，在摄影时可以按照这些规定来选取我们需要的画面。如第一条规定是画面必须是长方形的，这点在设计相机时就按照黄金率做好了，你只需选择横长方或竖长方，来拍摄就可以了。

无论是拍冰雪还是拍风光，画面里经常会出现地平线，镜头稍抬起点地平线就在画面下面了，镜头稍向下几厘米，地平线就在画面上边了，地平线放在什么地方好啊，如果你是个初学者就按黄金率来做就可以了。

画面里重要的、需要突出的元素，就放到黄金点上好了，这个交叉点是最醒目的，最和谐的。按照这些方法去做，你心里就有点谱了，就不会盲目了。这是最简单的构图常识，也是最基本的、最实用的方法。

展开说一下，黄金率是前人总结出来的构图经验，照此去做，得到的画面经得起推敲，能够带来某些美感。可是如果大家都按黄金率拍作品，未免千篇一律，缺少变化。可是当你刚学习摄影构图，总得有个依据啊，当熟练以后再寻求打破它，具体问题具体分析是摄影智慧的一部分。

《有伴真好》 摄影 霍英

拍摄数据：NIKON D7000 光圈 11 快门速度 1/100 秒 ISO100 手动白平衡

地平线的位置和主体黄金点的位置选择的较好。后期用滤镜→光照效果→选择"手电筒"，用鼠标移动光照位置，强调主体，压暗周边，使画面产生沧桑的感觉。

二、冰雪作品中的景别选择

远景的运用

远景，一般用来表现远离相机的环境全貌，展示人物及其周围广阔的空间环境，自然景色和群众活动大场面的镜头画面。它相当于从较远的距离观看景物和人物，视野宽广，能包容广大的空间，人物较小，背景占主要地位，画面给人以整体感，细部却不甚清晰。

远景通常用于介绍环境，抒发情感。在拍摄外景时常常使用这样的景别来有效地描绘雄伟的峡谷、豪华的庄园、荒野的丛林，在冰雪摄影中更可以描绘浩瀚的雪原，雪雕或冰灯的大场面场景。

构图技巧

1. 选择高视点。表现空间距离感，突出纵深感和立体感，以产生静态美感为主。

2. 可以选择广角镜头一次拍摄成功。广角镜头可以提供较多的视觉信息。所拍摄的画面能呈现出极其开阔的空间和壮观的场面。

3. 可以采用接片的方法。用镜头的标准段，分几次拍摄，再连接起来，画面容量大包括景物多，画面有一定长度。远景画面地平线突出，拍摄时应注意水平。

4. 从气势恢宏的思路切入。冰雪作品的拍摄以景物为主，借景抒情，追求气势。注重对景物和事件的宏观表现，力求在一个画面内尽可能多地提供景物和事件的空间、规模、气势、场面等方面的整体视觉信息。提供广阔的视觉空间和表现景物的宏观形象是远景画面的重要任务，讲究"远取其势"。

5. 注意光线和线条。远景画面构图一般不用前景，而注重通过深远的景物和开阔的视野将观众的视线引向远方，体现在文字表述上其意可理解为"远眺"、"眺望"等，拍摄远景时，要注意调动多种手段来表现空间深度和立体效果。所以，远景拍摄尽量不用顺光，而选择侧光或侧逆光，以形成画面层次，显示空间透视效果，并注意画面远处的景物线条透视和影调明暗，避免画面的单调乏味。

6. 画面上地平线或水平线的位置就是画面的深度所在，地平线降低画面的空间感好，显得辽阔。地平线升高，画面的深度感好，显得深远，表现大纵深。

7. 前景暗，后景亮，画面深度感好，前后景物一样亮，画面纵深感差，如：雾天拍摄，选择深色物体作前景，可以加强画面的纵深感。

《相约》 摄影 李长江

《远山的呼唤》 摄影 霍英
拍摄数据：NIKON D7000
光圈 11 快门速度 1/120 秒
ISO140 自动白平衡

全景的运用

冰雪摄影中全景画面与远景相比，有明显的内容中心和结构主体，重视特定范围内某一具体对象的视觉轮廓形状和视觉中心地位。

冰雪摄影中全景将被摄主体所处的环境空间在一个画面中同时进行表现，可以通过典型环境和特定场景表现。环境对主体是有说明、解释、烘托、陪衬的作用。

冰雪摄影中全景画面是集纳构图造型元素最多的景别，因此拍摄时应注意各元素之间的调配关系，以防喧宾夺主。

要注意画面总体的光效性。

构图技巧

1. 完整性。尽可能全的表现一个事物或场景的全貌。

2. 将趣味中心放在黄金点上。

3. 可以通过特定环境和特定场景表现特定的主体或人物。

4. 你拍摄的冰雪画面里有人的话，要完整地表现人物的形体动作即人物性格、情绪和心理活动的外化形式是全景画面的功用之一。

5. 冰雪摄影作品中突出主体的方法：以亮衬暗，以暗衬亮，以冷色调衬暖色调，以暖色调衬冷色调，以轮廓光将其与背景分开。

6. 拍摄冰雪的画面构图时要注意，画面的亮部比暗部更容易吸引观众的视线，因此，画面亮部的层次要丰富。

7. 同样大小的物体放置在暗背景前比放置在亮背景前大 1/5。

《唤醒早晨》摄影 霍英

拍摄数据：NIKON D7000 光圈 5.6 快门速度 1/125 秒 ISO100 自动白平衡 曝光补偿 −0.67 点测光

中景的运用

如果拍摄的画面是以人为主的话，在有情节的场景中，中景画面常被作为叙事性的描写。因为中景既给人物以形体动作和情绪交流的活动空间，又不与周围气氛、环境脱节，可以揭示人物的情绪、身份、相互关系及动作和目的。

如果拍摄的画面是以景致为主的话，拿冰雪摄影里的雪景举例，中景是大场景的精彩的局部，所包含的环境因素较少，有利于突出主要被摄体。

构图技巧

1. 构图要直奔主题，突出强化主体。

2. 如何用画面表现出一个最能反映物体总体特征的局部，对摄影者来说就不仅是一个画面构图的能力问题，更重要的是对生活、对事物的观察和认识能力问题。

3. 在拍摄中景画面时，必须注意抓取具有本质特征的现象，镜头的选择使用要富于变化。

4. 在拍摄中，为了说明主体和环境的关系，常用中景来表现。中景更适合表现情节。

《瑞雪兆丰年》 摄影 霍英

拍摄数据：NIKON D7000 光圈 8 快门速度 1/1 000 秒 ISO100 自动白平衡 曝光补偿 −0.67 点测光

近景与特写的运用

　　冰雪摄影中近景的表现对象是主体本身。画面里只有主体本身，没有陪体，也没有前景、背景。其作用是描述和表现主体本身，让人产生对主体的强烈印象。

　　在冰雪摄影中特写是对风景局部细节的描述。每一处风景，都会有比较有趣的细节，比如一棵树、一丛花、一块岩石或者房屋的结构，也有人把这称为风光小品。风光小品是摄影者品味的体现，好的小品能体现摄影者的喜好、追求以及审美情趣。

　　我一直对风光小品情有独钟，每到一个地方，在拍摄完全景之后，我总要细致观察该地有没有什么值得拍摄的细节，然后换上长焦镜头认真地把这些局部拍摄下来。

　　拍摄冰雪风景的特写非常锻炼摄影者的构图能力以及观察能力，建议你多多实践。

《日积月累》 摄影 霍英

拍摄数据：NIKON D7000　光圈 6.3　快门速度 1/640 秒　ISO100　手动白平衡　点测光

《阳光的变奏》 摄影 霍英

拍摄数据：NIKON D7000 光圈 8 快门速度 1/800 秒 ISO100 自动白平衡 点测光

前景与背景的运用

前景和背景在冰雪摄影构图中是一种不可忽视的因素，它们作为一张照片的有机组成部分，能起到突出主体、增加照片空间感和深度感的作用。因此，在冰雪摄影构图中，正确地利用前景和背景，可以使照片中的景物更加和谐统一，从而更富于艺术感染力。

被摄体、前景和背景之间的关系，是影响画面印象的最重要的视觉因素之一。

构图技巧

1. 注意不要让被摄主体与背景重叠，如拍摄雪雕时背景的树木、人物等。

2. 把干扰语言排除到画面以外，如垃圾箱、多余的人物、树木等。可以利用变更相机的位置以改变被摄主体与前景或背景的关系来加以防止。

3. 低角度拍摄，把不受欢迎的背景移到镜头之外，可以将相机向两旁稍作移动或从一个较低的位置上去拍摄，从而使被摄体更多地衬在天空上。

4. 退远一点，用长焦距镜头拍摄，常常可以去掉空旷的前景，以及背景上不受欢迎的部分。相反地，走得更近一点，用广角镜头拍摄，也能达到同样的效果。

5. 控制一下景深，不应该清晰的就虚化它。

6. 利用广角镜头和低角度拍照，广角镜头自身所发生的失真能进一步突出前景的趣味。当利用这种办法拍照时，突出岩石、霜花、冰块、投影等把比例加大，制造视觉的冲击力。

7. 在冰雪画面里要让出现在前景和背景里的物体帮助主体说话，把它变成画面中有机的组成部分。

《大自然的"杰作"》 摄影 霍英

拍摄数据：NIKON D7000 光圈 8 快门速度 1/800 秒 ISO100 自动白平衡 点测光

三、突出主体的方法

1.利用各种对比方法突出主体

对比是突出主体的有效方法。冰雪摄影中常用的对比方法有虚实对比、大小对比、明暗对比、色彩冷暖对比、动静对比、方向对比等等。

在主体处理的过程中，把主体形象和其他形象形成对比关系，主体便可以突出。比如，利用小景深把背景和前景拍虚一些，主体实，就显得突出。主体大陪体小或相反，也能突出主体。静止的主体陪衬在运动的环境中或相反，主体也能突出。暖色调的主体衬以冷色调的背景就显得格外突出。

2.利用线条指引突出主体

如有线条可以利用，可把主体放在透视中心，利用线条的指引突出主体。

3.背景模糊法。控制相机的光圈，开大光圈，让背景模糊。

4.拍摄的时候用点测光，测亮区，把主体以外的部分加深加暗处理，对主体的突出效果非常明显。

5.主体占据画幅重要位置可以得到突出，最常用的方法就是把主体放在趣味点上。

6.利用暗背景突出浅颜色的主体。

7.后期压暗作品四周，突出主体。

8.最实用的一招，可能就是让主体充满画面了。

四、框架的方法

把观看者的兴趣点留在照片的边框以内绝非是一件简单的事情，我们不得不使用各种技术来把观者的目光尽可能长时间地留在照片内。最简单的办法就是"制造"一个框架来"框"住目光。拍摄时寻找适合拍摄主体的框架就显得很重要，比如一条缝隙、一扇拱门。

框架式前景能把观众的视线引向框架内的景物，突出主体。将主体影像包围起来，形成一种框架可营造一种神秘气氛，赋予照片更大的视觉冲击。

框架在哪里？花时间观察拍摄主体，绕拍摄主体多走走，当你从不同视角审视拍摄主体时，你会发现可供拍摄的角度很多，其中就包括框架结构。

拍摄冰雪的画面时尝试用景物的框架做前景，能增加画面的纵向对比和装饰效果，使作品产生深度感。

《暮色时刻》 摄影 霍英

拍摄数据：NIKON D7000 光圈 5.6 快门速度 1/2 000 秒 ISO100 手动白平衡 点测光 曝光补偿 -1.00

五、冰雪作品的留白技巧

什么是留白？

凡在摄影画面上只有单一色调，而没有影像的部分，如天空、水面以及黑白照片的背景等，画面的空白就是所谓的留白。实际上摄影画面中的空白，是指主体和陪体等有形体之间的空隙。

留白其实很重要！摄影画面上的空白，虽然不是具体的形象，但它却有着相当的表现力。因为空白是摄影画面结构不可缺少的组成部分，它同画面上有影像的部分同等重要。

留白是突出主体的主要手段。为了突出主体，摄影者常常在主体的周围留有一定的空白，使得主体能从陪体、背景中跳跃出来，拉开一定的距离。

留白是制造意境的必要条件。留白是一种效果，它能使读者的视线和思路在画面上徘徊，触发感情上的共鸣。处理好画面上的留白，可使作品达到画有尽而意无穷的境界。

留白是一种智慧，也是一种境界。留白让主题更加清晰，余下的区域很适于填写文字或图框，又不致于喧宾夺主。留白往往能提高关注度，因为它让拍摄对象更为突出明显，能有效地诱发情感。同样地拍摄冰雪作品，大量留白能让你的作品呈现一种全然不同的感觉。

从摄影是减法的角度去思考，留白是中国美学的精髓，是让读者用大脑来阅读、联想，是让画面简洁，主体更加突出的重要手段。

解决一个"视觉停留"问题。也是营造视觉冲击力的一个有力的手段。要使拍摄的冰雪主题十分醒目，具有强悍的视觉冲击力，就要在它的周围留有一定的空白。

在画面主体物的周围留有一定空白，可以说是造型艺术的一种手段，因为，人们对物体的欣赏是需要空间的。

主体大小？画面上的空白与拍摄的主体所占的面积大小，还要符合一定的比例。绝对避免面积相等或者相互对称！

画面上的空白总面积应该大于拍摄的主题所占的面积，画面才显得空灵、秀丽。

留白是创造！

冰雪作品利用空白来创造意境，引发人们产生颇多的想象空间，在摄影艺术中就具备了创造性的作用。

留白更是冰雪作品构图的方法之一。将一幅画面或场景剥离到只剩下最少的元素，是一种常常令人感到耳目一新的构图方式和方法。

合理地在画面上制造空白可以收到意想不到的效果，不过同时也是一项挑战。有时场景本身就有空白，有时则需要你费点心思主动创造。只要运用得当，"留白"是富有吸引力的构图元素。留出的空白不仅让画面显得大气，而且更让冰雪作品具有感染力和联想力。

我国古代的画界人士有句俗话说："疏可走马，密不透风"，是有道理的。也就是说在疏密布局上的平衡，以强化观众的某种感受，创造自己的风格。

空白的留、舍、空白处与摄影主题之间比例的不同变化，的确是一项具有创造性的画面布局手段，在冰雪摄影构图的时候值得我们去探索。

《隐秘的真相》 摄影 李继强

拍摄数据：Canon EOS 5D Mark II 24-70mm
镜头 F14 ISO400 1/800 秒 P 档 白平衡自动
单次自动对焦 测光方式点测 后期用 Adobe
Photoshop CS5 进行压暗处理 加滤镜解决光照效果，
希望用大面积的留白来制造氛围。

第五章

多元思维，冰雪作品的表现手法

冰雪作品的表现手法很多，我从影调的表现手法入手，谈了中间调、高调、低调的表现及影调的变异表现；又介绍了对称、偏色的表现手法，及剪影、倒影的表现手法；最后说了一下冰雪摄影的用光，对顺光拍纯净，逆光拍轮廓，侧光拍质感，直射光拍气势，散射光拍情调等，谈了自己的看法。

一、影调的表现手法

中间调的表现

中间调是相机的正常记录状态。在冰雪摄影中大量使用的就是中间调。我们现在手中的数码相机，如果不有意设置的话，在自动曝光的状态下，得到作品几乎都是中间调。

中间调有什么独特的魅力？基调的性格特征不很明显。但画面层次丰富、细腻，它往往随着画面的形象、动势、色彩、光线的不同而呈现不同的感情色彩。它讲究用光，一般多为顺光。中间调一般用来进行记录性拍摄。

情感把握：用中间调来表现大自然的景观是很理想的。

中间调善于记录物体的轮廓，造成柔和的、恬静的、素雅的秀美，它又有表现雨、雾、云、烟的专长。

如何才能拍摄出中间调？

使用相机的自动挡或 P、A、S 档均可。注意画面层次及光线就可以达到中间调效果。

在冰雪摄影中一般用来表现大场面及一些抒情性小品，常用到中间调。

《雾凇岛，刚刚到来的冬天》 摄影 李继强

拍摄数据：Canon EOS 5D Mark II 光圈 7 快门速度 1/400 秒 曝光补偿 +1 ISO200

高调的表现

高调的特点：高调给人以光明、纯洁、轻松、明快的感觉。比较适合表现的形象很多，如人像中的妇女、儿童，风光中的雪景等。

情感把握：风光照片中的恬静，冰雪摄影中的素雅洁净，高调摄影一般采用较为柔和的、均匀的、明亮的顺光。有时会觉得它空虚、肃穆、素淡、哀怨，有时又会觉得如同轻音乐、抒情诗一般，根据内容的不同，传达给人们的感情色彩也会不同。

如何才能拍摄出高调作品呢？

一是，寻找大面积的浅色环境。

二是，灵活使用点测光。

《开花的石头》 摄影 李继强

拍摄数据：Canon EOS 5D Mark II 光圈 9 快门速度 1/500 秒 曝光补偿 +1 ISO800

低调的表现

低调的作品有时让人感到坚毅、稳定、沉着、充满动力，有时又会觉得黑暗、沉重、阴森森。低调表现的感情色彩比高调更强烈、深沉。

情感把握：它伴随着作品主题内容的变化，显示着各自不同的面目。低调作品通常采用侧光和逆光，使物体和场景产生大量的阴影及少量的受光面，有明显的体积感、重量感和反差效应。

在冰雪摄影中一般用来表现夜景及有大面积阴影的场景。

如何才能拍摄出低调作品呢？

一是，选择大面积的暗色。

二是，运用点测光。

《剪不断，理还乱》 摄影 李继强

拍摄数据：Canon EOS 5D Mark II 光圈 5.6 快门速度 1/1 250 秒 曝光补偿 −1 ISO800

影调的变异表现

黑白调：在色彩世界里黑白的出现，因其不大量使用而显得异常。相机设置单色就可以得到黑白作品，把其他色彩放弃。

高反差调：属于影调压缩类。相机设置高反差，选择光比大的被摄体就容易得到。

柔和调：加上柔光镜拍摄的作品。可以使画面显得含蓄、清雅、神秘，用来表现雪景风光等。

冷调：冷色、暗色占统治地位，情感倾向于严峻、低沉、冷静。高色温照明天气状况下就会形成寒冷透明的色彩气氛。

暖调：由明亮的暖色占优势的画面，色彩强烈对比的画面可使人情绪振奋激动。如清晨、傍晚拍摄就会形成金黄色的暖调。

处理影调的依据是什么？

一是，根据创作构思。

二是，根据环境特点。

三是，根据不同的天象。

四是，根据拍摄对象的特征。

《雾凇岛的早晨》 摄影 李继强

拍摄数据：Canon EOS 5D Mark II 光圈 22 快门速度 1/80 秒 曝光补偿 -0.3 ISO800

二、对称的表现手法

《各领风骚》 摄影 李继强

拍摄数据：Canon EOS 5D Mark II　光圈 9.9　快门速度 1/800 秒　曝光补偿 -0.3　ISO800

作品分析：对称是最古老的构图方式。对称的应用也是一种常见的表现手法，是指物体和映像在一个中心点或中心轴线两侧形态相同但方向相反。对称给人稳定的感觉，庄重的感觉，整齐划一及和谐之美。也属于均衡的形式美，具有静态的美感。当然，绝对的对称也会带来呆板的感觉，因此，在利用对称的手法来组织画面时，要注意在大的对称前提下的局部的小变化。

三、偏色的表现手法

偏色的表现手法属于主观色调的表现。摄影作品中的色彩来源于客观色彩，但又不是客观色彩的翻版，而是通过作者的观察、感受、想象、以及使用各种技术上的、艺术上的表现手段，创造出比客观色彩更典型、更能揭示特定生活场景、反映特定情绪，气氛更浓的主观色彩——即艺术色彩的创造。

客观色彩是自然界的真实反映，也是摄影创作中最珍贵的基础素材。只有充分了解和熟悉客观色彩的规律特点，才能把握住色彩在依附各种形态与空间中的各种变化因素的内在联系，把生活中那些司空见惯的、微妙的、瞬息万变的色彩现象揭示出来；并借助于感光材料的感光、感色特性，对客观色彩进行再创作，再加工，更生动地反映客观自然色彩的美。这种色彩美的创造是摄影者在客观色彩真实感觉中，参与了个人的主观判断、主观情感、主观情绪和艺术想象力。简言之，偏色的表现手法是艺术家自身心灵和情感的写照。

有三种表现倾向：

一是，艺术家本人的色彩气质、色彩趣味、色彩好恶与和谐感在作品中的表现或流露。

二是，作者为了突出色彩的心理效果而进行的色彩处理。

三是，作品中景物在特定情境下色彩感觉的畸变或是梦幻状态中的色调表现。

《流逝的岁月》 摄影 李继强

拍摄数据：Canon EOS 5D Mark II 光圈 14 快门速度 1/1 600 秒 曝光补偿 −1 ISO800

四、影子的表现手法

冰雪画面的倒影表现

倒影是对原物的一种异化，很美的颠倒与扭曲。倒影的摄影画面蕴含着无尽的微妙之意，作品上的景象会让你尽情地感受到视觉捕捉的强大魅力。它给了我们用另一种方式观察我们这个现实世界的机会——它能够创造一种境界，揭示出这个镜像出来的自然界里隐藏着的那些特性。

水也许是我们日常生活中最常看到的能产生倒影的表面体，它对现实的镜像和反映能力衍生出了倒影，与此同时也给了数码相机去捕捉这些迷人的景象的机会，让我们看到了这些倒影效果。有很多江河温泉在冬天不结冰，可以利用它产生的水蒸气和水面的倒影，来丰富我们的画面语言，表达自己摄影时的意图。

《雾锁寒江》 摄影 李继强

拍摄数据：Canon EOS 5D Mark II 光圈 7 快门速度 1/200 秒 曝光补偿 −0.67 ISO200

冰雪画面的剪影表现

1. 充分展现剪影主题的形体特征，将形体与背景生动的结合在一起，可以说，形体是语言，背景是语调，而这种语言有时无声胜有声，任凭创作者去揣摩和体会，这也就是剪影照片的妙处所在。由于在剪影照片中，主体基本没有色彩和细节显示，所以对主题的形体特征要求就很高，这就需要作者基于后期表现的效果来仔细选择拍摄角度和主体形态，充分展示主题的外形特征，力求美感和生动。

2. 剪影照片的获得充分利用了主题与背景受光的差异。一般来说，我们可以利用日出日落时的逆光，因为这时的光线最柔和，看上去又不刺眼，是拍摄的好时机，一般只有十分钟左右的时间。

3. 曝光要遵循宁欠勿过的原则，依据背景的光亮部分进行点测光，这才能使主体曝光严重不足，形成强烈的剪影。

《鸽哨声声里》摄影 李继强

拍摄数据：Canon EOS 5D Mark II 光圈 13 快门速度 1/1 600 秒 曝光补偿 −1 ISO800

作品分析：剪影是一种特殊的影调构成方式。特点是画面影调简洁、主体形象突出。它不刻意追求被摄对象的影纹层次，只呈现出轮廓影调，并通过影调的鲜明对比，烘托出被摄对象的形态和神韵，从而产生含蓄而概括的造型效果，给人一种明快简洁的艺术享受。拍摄应把主体安排在明亮的逆光下拍摄。拍摄时要选择合适的平低角度，使主体的轮廓处在亮背景中，才能使轮廓更加清晰，并使人或物所具有特征的轮廓形状表现出来。

五、光线的表现手法

最后说一下冰雪摄影的用光。摄影的灵魂就是用光，光是摄影的语言，是摄影构图的主要手段。摄影要解决的难题有两个：一是，按下快门时捕捉最佳瞬间，另一个是运用光线达到正确的曝光。

光线的变化是多种多样的，这是与光线的性质分不开的。从摄影的角度上讲，光有自然光与人造光两种变化形式。冰雪摄影是在室外的摄影行为，一般都是利用自然光来表现的。我们从光线的方向和光线的性质角度来展开说一下冰雪摄影时的光线利用。

1、顺光拍纯净

顺光是从照相机背后方向照射过来的光线，由于光线是从正面方向均匀地照射在被摄体上，被摄体受光面积大，阴影也比较少，拍摄时测光和曝光控制相对比较容易，即使是使用相机的自动曝光系统，一般也不会出现曝光上的失误。

其特点是：被摄体受光面积大、阴影部位小，适于表现平面。虽然画面平淡立体感差，给人一种平涂的效果。但能全面地表达物体的固有特色和质感。缺点：影调平板、单调，缺乏明暗起伏节奏，不利于表现空间感和立体感。

《独立的感觉》 摄影 李继强

拍摄数据：Canon EOS 5D Mark II 光圈 12 快门速度 1/1250 秒 曝光补偿 -0.3 ISO200 测光方式 点测 自动白平衡

2、逆光拍轮廓

逆光又称背光，是从景物背后射来的光。逆光分正逆光与侧逆光。逆光在摄影造型艺术中是最富有表现力的光，称之为"创意之光"。逆光是指太阳光从被摄体背后照射过来的光线，可以想象，在逆光的情况下被摄体往往会变成剪影，因此对于曝光的把握相对比较困难一些。逆光能给被摄体轮廓镶上一条夺目动人的金边，处理适当，能创作出一种独特的美感，拍出充满戏剧性效果的光影感觉。在拍摄逆光照片时，如果按背景测光或者是按自动程式曝光时，往往会曝光不足，一定要注意曝光补偿或是补光，补光可以用反光板或是闪光灯均可。

逆光摄影画面深沉、凝重、富有情调。逆光也是富裕装饰性的光线，能使同类型群体的景物产生装饰性构图。缺点是逆光下拍摄，不易掌握曝光量，而且容易使镜头产生眩光、光晕现象。

《旷野中》 摄影 李继强

拍摄数据：Canon EOS 5D Mark II 光圈 13 快门速度 1/640 秒 曝光补偿 −1 ISO 800 自动白平衡

3、侧光拍质感

侧光是指从被摄体侧面照射过来的光线，它能使被摄体表面的凹凸呈现出明确的阴影，对于表面被摄体的纹理，质感是一种十分理想的光线。侧光既能勾勒出被摄体的轮廓线，又能体现立体感，是摄影用光时较为常用的光线。

侧光的特点：被摄体成阴阳效果，明暗突出对比强烈，有利于表现景物的立体感与空间感。与正面光相比，画面给人以重量感、调子更加明朗。缺点是阴影部容易丢层次，死黑一片。

《摆渡》 摄影 何晓彦

拍摄数据：NIKON D300 光圈 14 快门速度 1/800 秒 曝光补偿 −0.33 ISO640 自动白平衡

4、直射光拍气势

从传播方式上来说，光线有直射光与散射光的变化。直射光通常称为"硬光"，一般是指没有云彩或其他物体遮挡的太阳光。直射光的光线强度大，属于硬光，适合拍摄大场面。其特点是亮度高，方向性强，可造成明显投影。直射光可以明确表达出拍摄对象的层次和形态，形成较强烈的明暗反差。直射光照明下的被摄体，受光部分和阴影部分的光比较大，亮部清晰，阴影浓重，画面反差强烈，立体感强。

晴朗天气多为直射光。直射光有明确的方向性，光线强烈，采用不同光线角度进行拍摄，可以营造出不同的明暗对比，增强画面的立体感。在直射阳光下拍摄景物，根据自然光线强度和软硬度的变化，可以选择从逆光、侧光到顺侧光各个角度。其中侧光更能表现景物表面的明暗反差和立体感。

《早晨的感觉》 摄影 何晓彦

拍摄数据：NIKON D300 光圈 4.6 快门速度 1/640 秒 曝光补偿 −0.33 ISO640 自动白平衡

5、散射光拍情调

　　散射光是一种不会产生明显投影的柔和的光线，也称" 软光"，如阴天或被云彩遮挡太阳时的光线便属于散射光线。散射光没有方向性。散射光的特征是光线软，受光面和背光面过度柔和，没有明显的投影，因此对被拍摄对象的形体、轮廓、起伏表现不够鲜明。

　　阴天拍摄时的光线多为散射光，这样的光线比较暗，明暗反差较小，立体感和质感较弱，但画面中的景物会显得更柔和。在阴天条件下如果要想清晰地表现出被摄体应尽量选择顺光或顺侧光光位，还可以纳入一些高反差的陪体、环境等画面元素。拍摄较大物体时，可以降低或提高拍摄位置，这样可以使所拍摄景物的顶端更明亮，增强立体感。

小结

　　摄影离不开光，有光才有影。摄影就是用光来作画的，如何利用光与影的关系来构成影像和影调，是摄影创作中的一大关键。

　　现实生活中的自然光来自唯一的太阳光，对于投射在被摄体上的光线，因方向和角度不同，不只是阴影的位置和面积会随之改变，而被摄体的印象、感觉，包括影调和色调也会呈现出明显不同的视觉效果。

　　所以，选择适当的光线，包括适当的光线方向和角度，是从事摄影创作不容忽视的第一步。

《树的感觉》 摄影 李继强

拍摄数据：Canon EOS 5D Mark II 光圈 11　快门速度 1/1 000 秒　曝光补偿 −1 ISO200　自动白平衡　测光方式 点测

第六章

Chapter six

随心所欲，冰雪摄影的后期处理

后期处理是数码摄影的必要环节，也是冰雪摄影常用的手段。

本章介绍七种后期处理的方法，可以利用这些方法达到创作目的。

这七种方法是：

二次剪裁

调整灰雾

饱和色彩

改变色彩

画意表现

唯一"色彩"

改变色调

一、二次剪裁

我对冰雪摄影作品的剪裁是有一个认识过程的，得出的结论是，在冰雪摄影中，剪裁应贯穿于现场拍摄至最终形成作品的全过程中。

剪裁是改善画面结构，增强冰雪作品艺术感染力的不可缺少的摄影后期加工手段，剪裁过程实质上就是在原始文件上进行再创作的过程，是作者艺术构思的延续和艺术感受的深化。你同意这段话吗？其实，只说对了一部分，我认为，冰雪画面的剪裁可分为四条思维方向：

一是，时间的剪裁

摄影是对时间的剪裁。假如时间是一个长长的链条。快门的开合只是截取了时间的一小部分。时间剪裁的得当与否，其实是摄影人的基本功，摄影不同于其他艺术的特征之一，就是对瞬间剪裁性质的把握和理解。很多从时间的链条里选择的瞬间，垂青于对下一个瞬间敏感的摄影人。

当你决定什么时间去什么地方采风创作，你就已经开始对时间进行剪裁了。摄影与自然关系是密切的，初春拍冰花，五一前后拍野杜鹃花，十一前后拍红叶，年末年初拍雪景、冰雕。对时间的剪裁相对于每一个摄影者，包括你，都有一个不同季节下按自然规律剪裁的冲动。

还有，你起个大早拍日出、地平线上最后的一抹红色、甚至架上三脚架曝光两小时拍星空，从骨子里说不都是对时间的某一个时段的有目的、有预谋的剪裁吗。

二是，构思时的剪裁

构思是在模拟的时空里剪裁。构思中的剪裁是指冰雪作品拍摄前，对冰雪作品最终画面构成的一种设想。你心里的想法，头脑里浮现的理想画面，实际是对现场的模拟裁切后得到的结果，虽然可能有时候是不确定的、模糊的。

画面不再做任何剪裁，是构图的最佳表现，也是摄影者成熟的表现。这个观点我也讲过，很多教科书里也肯定过，很多摄影大师都标榜过，我拍的照片不用剪裁，甚至把带齿孔的底片都附印在照片的边上，证明自己没剪裁。我也努力尝试过，也为某个时段的成功沾沾自喜过，经过漫长的沉淀，感觉想法有点可笑，有点机械，尤其在数码时代。

冰雪作品的画面四周留有一定的空间，是摄影冰雪时经常要考虑的留一手的方法。理由是，拍摄总是匆忙的，不管是初学者，还是摄影大师，经过一段沉淀总是能找出遗憾的地方，于是，把母片拍成 RAW，当你的观点，审美情趣，见解，爱好，受众群改变了，针对作品的不同用途，重新剪裁另存为是聪明的做法。

三是，自然空间的剪裁

冰雪摄影的取景是对自然空间的剪裁。取景和构图是两个概念。取景是对现场构思空间的大致的、粗线条的剪裁。取景是个大概念，是对所需画面的基本的选择，而构图是在选择的基础上的精心布局，是个细活，涉及到对主题的理解，主体位置的思考，地平线的摆放，趣味点等的综合考虑。

四是，后期屏幕上的剪裁

屏幕上的剪裁是后期的二次创作。这时的剪裁更接近某种目的，既是弥补减少遗憾的方法，更是新的意图的开始。有很多思考点，我把这些需要注意的地方归纳了一下，希望能对你有所帮助。

1. 边缘的干扰因素

组成画面有很多因素，如关键因素、环境因素、干扰因素等，很多画面里的干扰因素是在画面的边缘，解决的方法就是把这些没用的因素干掉，画面里没有，欣赏者就读不出来啊。

2. 改变画幅

画幅是照片呈现的形式，不同的画幅表现的意图和效果是不一样的。横线条多的画面最好选择横幅，线条流畅，看起来舒服；竖线条多的被摄体一般采用竖幅表现，欣赏时眼光上下流动，没有生硬截断的感觉；大场面的风光，选择 16:9 或更长的横幅来表现有"取势"的感觉，不是有"远取其势，近取其质"的说法吗；还有 3:2 拍事件，4:3 拍竖幅人像等表现方法，你都可以试试啊。

3. 突出主体

主题是通过主体来体现的，主体突出，有利于阐明主题。要注意的是，主体与其他因素的关系，如对比是否存在？是否形成衬托？形象是否完整？线条的指向与主体的关系？主体如果是人物还要注意人物面部朝向，焦点等。让主体占据画幅重要位置，一般是选择的重点。

4. 围绕趣味点

这也是剪裁常用的方法下，因为趣味点能增加作品的可读性下，能使你眼前为之一亮下，说白了，趣味点就是画面中最吸引人的地方，能使画面产生一种强烈的视觉形象，使人留下过目不忘的深刻印象。趣味点对一幅照片的作用是非常重要的，有时甚至决定着作品的成败。通常情况下，趣味点是难得而精彩的，稍纵即逝的，更是无法设计出来的，这考验着摄影师的观察力，感悟力和应变能力。在前、后期要注意学会，从熟视无睹中翻新出新的感知智慧，找准突出作品的趣味点，趣味点是进入整体画面的一道门坎，跨过这道门坎，才能看到风光无限。

5. 简洁画面

简明扼要，没有多余的内容。简洁才能明快，是构图完整严谨的表现。简洁是摄影构图的最基本也是最重要的原则。想办法让作品主题具有最强的视觉吸引力，一个方法就是选择简单的背景，这样不会分散观众对主题的注意力，可是摄影必须到现场，有些东西是避免不了会出现在画面里的，后期剪裁就是常用的清楚地表明你的拍摄意图的简洁方法之一。

6. 不同用途的剪裁

我们知道把画面剪裁成不同形式，会使画面产生不同的视觉效果，有时用途不同，画面也必须剪裁。拍摄目的与用途发生冲突时剪裁是避免不了的，如拍摄时是横幅的，杂志封面需要竖幅的，有时需要方幅的，都需要剪裁。

7. 尝试三分法

三分法的构图理论是经过实践考验的，非常实用的布局方法。如在风光作品中要把地平线置于三分之一处，而很少摆在正中，画面纵向分割时，地平线位于中间，给人静止和呆板的感觉；为运动主体留出足够的移动空间；为

视线前方留下足够空间等，都是三分法构图理论的精髓。

8. 剪裁如何防止画面过小

介绍四种方法：

一是，改变分辨率；

二是，在剪裁前点开"前面图像"，使剪裁后的图像与剪裁前的画面大小一样；

三是，"两次立方"的方法；

四是，固定图片大小尺寸的方法。

熟悉 Photoshop 软件操作的，这是最简单的几种方法，不累述。

二、调整灰雾

1.作品出现灰雾的原因

相机的测光的基准是 18% 的灰,当场景白色的雪被 18% 灰还原后,白雪被相机还原成它认为正确的灰,是造成画面灰雾的主要原因。

2.解决的方法

在 Photoshop 里选择以下工具可以解决:

一是,调整" 曲线 "。具体步骤:图像→调整→曲线,用鼠标左键,按住曲线向左上轻推,画面的灰逐渐变白,达到满意的效果。

二是,用" 色阶 "的方法。具体步骤:图像→调整→色阶→用鼠标左键把右侧白场的小三角向中间拉动,画面会逐渐变白,达到满意的效果。

三是,调整" 亮度 - 对比度 "。具体步骤图像→调整→亮度 - 对比度→用鼠标左键调整到满意为止。

四是,调整" 曝光度 "。具体步骤:图像→调整→曝光度。下图就是在默认值的状态下,在第一个选项" 曝光度 "里用鼠标左键向右增加 0.2-0.5," 位移 "不动," 灰度系数校正 "小幅调整 +1,经过一番调整,一般有灰雾的画面都会亮起来,达到自己对画面的要求。

调整时注意两点:一是,还原客观的调整,努力接近现实。二是,主观意图的调整,按自己对画面的要求来调整,是加大灰雾,还是减少灰雾,幅度大小是由你自己控制的,标准是自己对画面的理解及拍摄意图。

《瑞雪迎春》 摄影 徐立
拍摄数据: Canon EOS 500D
光圈 10 速度 1/200 秒 ISO100
白平衡 自动

三、饱和色彩

摄影在技术上有两个难点：一是曝光的量；二是，色彩的控制程度。饱和色彩是对色彩浓度的强化。

具体方法：

一是，选择"自然饱和度"。具体步骤：图像→调整→自然饱和度，在打开的对话框里有两个选项，用鼠标向 + 的方向拉动，色彩就会饱和起来，幅度由自己的感觉决定。

二是，选择"色相 / 饱和度"。具体步骤：图像→调整→色相 / 饱和度，在打开的对话框里有三个选项，"色相"改变颜色，饱和度改变色彩浓度，明度改变画面的明暗。想饱和色彩，饱和度向正值方向拉动就可以达到目的。

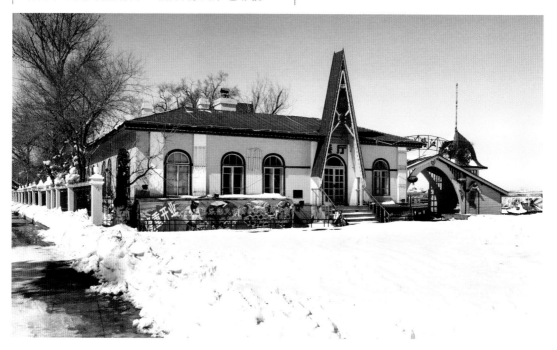

《异国情调》 摄影 徐立

拍摄数据：Canon EOS 500D 光圈 13 速度 1/160 秒 ISO100 白平衡自动

四、改变色彩

在摄影的创作中，对色彩的把握有两个倾向，一个是还原的倾向，一个是改变客观色彩的倾向。前者一般用于纪录性拍摄，后者用于画面的创意，改变色彩是摄影创作时思考方向之一。

如何才能用最简单的操作手段，来改变作品的色彩？

可以在前期拍摄时设置相机的功能，如在白平衡设置对应于非对应的色彩效果；在照片风格与优化校准里进行不同选项的选择，来改变色彩。在后期处理中，还原和改变色彩的方法很多，介绍两种简单的方法。

一是，在"色相/饱和度"里改变"色相"。

二是，在"色彩平衡"里改变。

《日出》 摄影 苗松石

拍摄数据：NIKON D300 光圈13 速度 1/40 秒 ISO200 白平衡自动 曝光补偿 -0.67

五、画意表现

画意的、唯美画面的手段，是将作品制作得像画一样，是很多摄影人选择的表现方法。方法很多，如仿"油画"、"国画"等。

我这里介绍一种"提炼色阶"的表现方法。目的是制造画面的"陌生感"，在美化画面的同时，吸引眼球，唤起欣赏者阅读的兴趣。

具体操作：

一是，选择有"点状光源"的画面。如路灯、车灯、太阳等；

二是，在 Photoshop 里选择，滤镜→艺术效果→海报边缘，在出现的对话框里点击左下角的显示百分比，到 25%，显示整个画面，再调整右侧的参数。"边缘厚度"的数值越多，色阶越宽，色阶数量越少；"边缘强度"的数值越多画面越脏，一般选择 0 或 1；"海报化"的数值越多，色阶越多，一般选择 3。

三是，处理完成后，点击"文件"→存储为→在出现的对话框里给"文件名"加后缀，后缀可以是数字或简单符号就可以。然后选择"格式"，一般用途选择 JPEG，印刷或出片选择 TIFF。"存储为"的目的是建立一个副本，不覆盖原有的文件。

海报边缘这个滤镜的最大效果是点状光源的色阶表现，还有一个效果就是强化景物的边缘的锐度，使画面反差加大，增加清晰度。

《雾凇岛地标》 摄影 李继强

拍摄数据：5D Mark II 光圈 8 速度 1/500 秒 ISO200 白平衡自动 曝光补偿 -0.33

六、唯一"色彩"

这种表现手法是希望突出画面的某一个局部，保留局部的色彩，把局部以外的色彩消去，让留下的带色彩的局部，提高它的刺激程度，变成新的趣味点。目的是希望观赏者去注意某个部分，引发观赏者的想法，也是新颖画面的一种方法。

这种利用后制特效所呈现出来的图片作品，通常都是把所有颜色都抽离，只留下一种特别的颜色或是色阶，达到提高注意的目的。

具体操作步骤：

一是，选择要保留的色彩。有两种设置选区的状态，一种是精确做选区，一种是大致的选区，边缘是模糊的。

二是，做好选区后，反选，在 Photoshop 里选择"黑白"，把环境的颜色去色，环境变成黑白，突出有颜色部分。

三是，存储为，保留原片。

《家的感觉》 摄影 李英

拍摄数据：NIKON D300S 光圈 10 速度 1/25 秒 ISO 250 白平衡自动 曝光补偿 −1.67 测光模式 点测

七、改变色调

改变色调就像在镜头前加滤色镜一样，可以在"变化"里选择喜欢的色彩。

具体步骤：图像→调整→变化，在出现的菜单里选择你喜欢的色彩，如果对选择的色彩的饱和度不满意，可以用鼠标左键点击所选择的画面，画面的色彩会越来越浓烈。还有"阴影、中间调、高光、饱和度"的选项，选择某个选项，改变画面的局部效果。选择"精细与粗糙"的正负值，影响画面的细节。

调整时的技巧：

调整失误，可以点击左上角的"原稿"，重来。

调整完成后，在右侧有三个画面的明暗供你来选择。

第七章

大开眼界，拍冰雪大世界

　　随着热衷冰雪摄影的队伍一年比一年壮大，高质量的冰雪摄影作品也频频出现在网络和媒体版面，吸引了不少摄影人的眼球，其中曝光次数最多的是哈尔滨冰雪大世界、太阳岛雪博会、牡丹江雪乡和吉林的雾凇岛。

　　这些地方几乎涵盖了所有你想拍摄的冰雪摄影题材。冬季大美弥漫在东北，如果你对它陌生，不妨跟随冰雪题材的拍摄攻略去探视、了解冰雪能给我们带来什么样的浪漫与感觉。用什么方法和技巧去表现冰雪的魅力。

冬天是冰雪摄影的收获季节，晶莹剔透的冰灯，洁白如玉的雪雕，如梦似幻的雾凇都是摄影人热爱的冰雪摄影题材。黑龙江和吉林是我国冰雪资源最丰富的两个大省，每年冬天都会吸引全国各地众多的摄影爱好者来此拍摄冰雪，其冬季里的繁荣兴旺景象，为国内其他省份所不及。

哈尔滨用冰雪吸引着你

冬天，冰雪、寒冷是哈尔滨独有的特色，这是因为哈尔滨是世界上同纬度地区最冷的地方，与同纬度地区的平均气温相比，哈尔滨会偏低14—18℃。冬季不仅温度低，而且低温持续时间相当长，因此素有"冰城"之称。得天独厚的自然地理条件造就出独特和浪漫的冰雪世界。每逢冬季都会吸引众多冰雪摄影爱好者在这里大显身手。最热门的景点一定少不了哈尔滨冬季最美的地方——冰雪大世界。

关于冰雪大世界的由来，百度百科是这样介绍的："中国哈尔滨冰雪大世界始创于1999年，是由哈尔滨市政府为迎接千年庆典神州世纪游活动，充分发挥哈尔滨的冰雪时空优势，进一步运用大手笔，架构大格局，而隆重推出规模空前的超大型冰雪艺术精品工程—哈尔滨冰雪大世界，它向世人展示北方名城哈尔滨冰雪文化和冰雪旅游的独特魅力。被称为当今世界规模最大、冰雪艺术景观最多、冰雪娱乐项目最全、夜晚景色最美、活动最精彩的冰雪旅游项目！在每年一届的冰雪大世界，您将观赏到世界上最高、最美、最雄伟、最具魅力的冰雪奇观。"

官网介绍的文字看上去有些空洞，你可能无法从一连串最高级别的形容词中勾勒出冰雪大世界的印象。不过你从中了解到了始创的历史，可以印证她在世界冰雪文化中占有的地位。

从1999年以后，每年冬天哈尔滨都会准备一场冰雪的盛宴，迎接四面八方的海内外游客。冰雪大世界每年的内容都不相同，一年一个主题，造就出一个个永不重复的童话。而且规模也越办越大，已成为当今世界规模最大的冰雪资源展示大会，这个规模巨大的人造童话世界，要在短短的二十几天中拔地而起，工程浩大，成本也在不断增加，门票价格十年期间翻了十倍之多。虽然票价暴涨，慕名而来的八方游客仍然可以用人山人海来形容。

《又是一年冰雪会》摄影 李继强

拍摄密码：EOS 5D Mark II 相机　24-70mm 镜头　F11 1/500 秒　ISO6400　白平衡 自动

　　一年一度的冰雪大世界为冰雪摄影提供了丰富多样的创作题材，"满园尽是冰灯冰雕，入目皆是冰的景观"流光溢彩的冰雪大世界，吸引着全国各地的冰雪摄影爱好者在这里大显身手。

拍摄时间的选择

哈尔滨的冬天来的特别早，每年的 11 月份就进入漫长的冬季了，但 12 月份以前来哈尔滨并不是一个好时节，你会错过体验冰雪节狂欢的参与乐趣。

哈尔滨国际冰雪节是世界上活动时间最长的冰雪节，它只有开幕式没有闭幕式，每年的 1 月 5 日是冰雪节开幕式，节庆活动一般从每一年的年底开始，因此冬天来哈尔滨最好的时间应该是圣诞节前后。闻名于世的冰雪大世界也在这个时间开始试运行，历时近 3 个月，会一直持续到 2 月底冰雪活动结束为止。

《第十三届冰雪大世界冰雕景观》 摄影 李继强

拍摄密码：EOS 5D Mark II 相机 24-70mm 镜头 F5 1/400 秒 ISO 6 400 白平衡自动。选择高点向下俯拍，可以表现冰雪大世界的大场面，也可以避免景物的前后重叠。

拍冰灯并不都是在晚上

到底叫冰灯还是叫冰雕？其实冰灯与冰雕在形式上区别不大，都是以冰为材料，以水为粘接剂，运用砌筑、堆垒、雕镂、浇冻和镶嵌等技法完成的一种艺术形式，但是在具体定义上是有一定的区别，在冰里安装有灯的叫冰灯，晚上灯光璀璨。用冰雕琢而成的，里面不安装灯具，只能白天欣赏，叫冰雕。哈尔滨人习惯把它们统称为"冰灯"。

哈尔滨纬度高，太阳升起的早落下的也早，冬天最早下午 4 点天就黑了。建议下午 2 点左右，赶在日落之前去冰雪大世界，先拍些日光下的冰灯作品，顺便熟悉场内环境与布局，选择好天黑之后的拍摄点。

白天的冰灯和夜晚的不同，没有夜晚灯光下的璀璨，但日光下的冰，通体透明，剔透如玉，呈现微微的青色，给人以冰清玉洁的感觉，与晚上的冰灯有不一样的神韵。白天冰雪大世界的人很少，可以沉淀心情，细细品味，熟悉所拍摄的冰灯题材，了解作品的内容和它的艺术造诣。

为了营造冰雪气氛说不定还能遇上人工造雪机制造冰雪的场面，在刚刚铺满雪花的雪地上走上一圈踏出咔吱咔吱的声响，仿佛一首动听的圣诞音乐，愉悦你拍摄的心情。

冰灯作品的光线利用

光线能为被摄体塑形，营造气氛，增添变化。拍摄者应该熟悉各种光线的特性，掌握光的规律，判断光线对拍摄结果的影响。因此，白天来到冰雪大世界拍摄现场后，首先关注的应该是光线，而不是取景。因为不同的光线方向会直接影响到拍摄效果。

顺光的利用

顺光是指来自相机背面的光线，光线投射方向跟拍摄方向一致，在顺光的照射下景物的受光面积最大，且受光均匀，如果光源与相机处在相同的高度，则面向镜头部分的景物能全部接受到光线，不会产生任何阴影。曝光比较容易把握，拍摄的景物接近于其原型，近中景有利于质感的表现，色彩也能得到正确还原，饱和度较高，色彩比较鲜艳。

但白天的冰灯色彩比较单一，追求的画面效果往往是靠造型和轮廓取胜，使用顺光拍摄最大的缺憾是画面缺乏明暗对比，立体感差，会使被摄主体失去原有的明暗层次，从专业角度来讲白天拍摄冰灯顺光缺乏表现力，拍出的照片多属两维平面，缺乏三维空间感。

可能的情况下应尽量避免用正顺光拍摄冰灯。你可以稍微改变一下拍摄位置，让光线与拍摄位置形成一定的夹角，把光线投射方向变为侧顺光，就可以使被摄体产生明暗变化。较好的表现出冰灯主体的立体感、表面质感和轮廓来，并能丰富画面的阴暗层次，起到很好的塑型作用。

《白天，我们小憩的时间》摄影 李继强

拍摄密码：EOS 5D Mark II 相机　24-70mm 镜头　F8　1/400 秒　ISO 200　白平衡自动

侧光的利用

侧光是指太阳从侧面斜射向物体的光线，投射方向来自被摄物体的左侧或者右侧，景物一侧受光，另一侧处在阴影之中，受光面积和阴影面积与选择的侧光角度会发生改变。介于顺光和逆光之间的侧光，景物线条分明，有明显的阴暗面和投影，呈现出强烈的立体形态和三维空间感，日光下采用侧光拍摄冰灯，对景物的立体形状和质感有较强的表现力，有利于表现冰灯建筑的清晰轮廓、影调和反差层次。用于塑造画面的立体感和深度感是最常用的一种光线。

操作密码：这幅图片是上午色温较高的时候拍摄的，我们知道高色温环境下景物的颜色呈现蓝色调，当时的天空晴朗，天空部分的色彩也是蓝色的，拍摄前首先确定了这幅图片的影调是蓝色的，为了表现冰灯建筑的清晰轮廓和立体感，选择侧光的光位让光线从画面的左侧投射到被摄体上，斜射的光线打在半透明的冰砌围栏上泛出微微的青色，增加了通透的感觉，并留下长长的投影，有助于呈现立体形态和三维空间感。完成拍摄画面的构思后，接下来就是对拍摄设置的设定了。

拍摄时使用中央重点平均测光模式，这种测光算法重视画面中央约 2/3 的面积，可以兼顾侧光下冰灯建筑亮与暗的部分，比评价测光更容易控制明暗反差的效果。白平衡模式采用自动，由于环境色温较高，画面的影调偏蓝为冷调，能够产生寒冷平静的感觉。因此不必刻意去纠正色温偏差，白平衡放在自动上就好。

拍摄数据：Canon EOS 50D 18-200mm 变焦镜头　P 档　中央重点平均测光　F11　1/320 秒　ISO 100 白平衡 自动

逆光的利用

逆光是来自被摄景物后方的光线，这种光线能勾画出物体的轮廓，在拍摄全景和远景时，可以强烈地表现出空间深度感和立体感，另外，以景物背景亮度或画面中明亮部位的亮度来感光，可拍出剪影效果。

不过，逆光不适合拍摄大型的冰雕建筑，因为把冰雕建筑拍成剪影就失去了冰的质感，无论轮廓多漂亮都会削弱淹没主题。

但逆光适合拍摄以冰为材质的雕塑，因为雕塑大多为单体的景物，透明度高，而逆光是表现透明体和半透明体质感和层次的最佳光线，在逆光的照射下会把冰的质感凸显出来，显得晶莹剔透，放射出光彩。

下图为了突出表现巨龙戏珠这个主体，避免贪大而分散对主体的注意力，可用变焦镜头截取画面，把多余的语言摒弃到镜头之外，使画面干净简洁，让视线集中到表达的主体身上。同时放低拍摄机位，从冰雕背面选择到合适的位置，让逆光的光线从巨龙戏珠的圆球部位透射过来，使其放射出光彩达到强化渲染的目的，有助于突出表现巨龙戏珠的冰莹质感。

操作密码：采用变焦镜头来简洁画面。表现逆光下冰雕的晶莹剔透质感必须有"透射光"，需要变化机位寻找合适的拍摄角度。

在冰雕背面找出透射光线后，巧妙地使强烈的太阳刚好处在巨龙戏珠的那个圆珠的后面，形成强烈的放射效果，发出耀眼光芒。这样既调节了光的强度，又增加了作品的感染力。另外，放低机位以蓝色天空为背景，可使画面显得亮丽透彻。但要注意眩光的干扰，避免把太阳强光收入镜头，产生强烈的晕化。

拍摄数据：Canon EOS 50D 18-200mm 镜头 P档 中央重点测光 F13 1/400秒 ISO 100 白平衡自动

利用弱光拍摄冰灯作品

白天在冰雪大世界体会了各种直射光线下的冰灯拍摄后，下午三点半左右太阳就渐渐落山了。此时的光线与地面的夹角较小，光线十分柔和，色温也开始降低，可以较好的烘托气氛和意境，使作品形成一种暖色调。

需注意的是，在冰雪大世界里你会感到日落时，光线变化的非常快，不到半小时夕阳已经完全淹没在地平线以下，夕阳下的柔和光线瞬间就从眼前溜走了。

用广角镜头拍摄，夕阳本身在画面里所占的比例很小。而夕阳以外的冰雕主体所占的比例相对很大，使画面包含了冰雪主题要传达的信息。在拍摄这幅图片时，光线十分柔和，色温也比较低，夕阳落日呈现出柔和的金黄色，没有着光的冰雕和雪地，呈现蓝灰色。一暖一冷的影调形成对比，渲染了冰雪景象的日落气氛。夕阳本身在这里虽然仅是一个小小的亮点并非主体，但仍然可以形成画面色彩对比的重音。起到烘托气氛的作用。

操作密码：用变焦镜头的广角端纳入冰雪主题要传达的信息，为了防止把冰雕前景拍成剪影，采用评价测光模式对灰区测光，可以将前景和背景的层次细节都保留下来。为了获取较大的景深，光圈设置为F11，感光度调高为400来提高快门速度，同时对焦点至无穷远，使画面前、中、远景都会处在镜头清晰范围内。

一般下午 4 点钟左右，冰雪大世界里的灯光就会陆续点燃亮起，天空还没有黑透之前是拍摄冰灯的最佳时刻，此时天空还带有一丝丝蓝色，背景没有死黑一片，刚刚亮起的灯光把冰灯装饰的五颜六色，非常漂亮，要充分把握这段时机做好充足的拍摄准备。因为再过半小时天就完全黑透了。完全黑透了的拍摄环境，将是另一种强烈视觉对比的味道啦。

拍摄数据：Canon EOS 50D 18-200mm 镜头　P 档　评价测光　F11　1/200 秒　ISO 400　白平衡 自动

小结：多些尝试和积累

　　对初学者来说要弄懂光线、色彩等问题对陌生环境拍摄结果的影响，除了相机工具的掌握理解外，最好的方法是在实践中大胆摸索，数码相机的优势是不怕浪费，没有成本。白天去冰雪大世界尝试一下一天里的光线变化，以360度环形思维的方式，寻找不同的拍摄角度、以不同的对比组合、不同的测光方式多拍多练，回到电脑前找出拍摄的心得，多练是从新手到老手的必经阶段。

　　操作密码：光线变暗后，首先关心的是安全快门速度，在 P 档模式下，半按快门观察曝光组合是否适合手持拍摄，如果显示的曝光组合快门速度太低，无法端稳相机，需要提高感光度来保证安全快门速度。由于拍摄目的是表现冰灯的绚丽色彩，照片风格选择风光，并在下拉菜单中增加两档饱合度，有助于 jpeg 格式直接出片时的色彩表现。

　　拍摄数据：Canon EOS 50D　18-200mm 变焦镜头　P 档　评价测光　F9　1/60 秒　ISO 800　白平衡 自动　照片风格 风光

冰灯愈夜愈美丽

冰雪大世界场面恢宏壮阔，造型大气磅礴，景致优美绝伦。夜幕降临之后各种冰灯艺术在不断地变幻色彩，在灯光的照射下显得璀璨夺目、绚丽多姿，入夜后的冰雪大世界会让你真正体验它的精彩所在，被它魔幻般的视觉冲击力所震撼。由于冰灯光源复杂，高光和暗部反差大，冰体表面还有反光，因此入夜后如何拍摄、采用什么手段拍摄、对于不熟悉冰灯这个题材的初学者，事先做好技术准备，掌握相应的拍摄方法和手段，才能做到心中有数，去获得不落俗套的拍摄画面。

三角架的重要性

冰雪大世界夜间尽管灯光璀璨，但拍摄整体环境较暗，很难达到持稳相机的安全快门速度，另外由于天气寒冷手持相机很容易抖动，任何轻微的抖动都会造成模糊不清的图像，特别是消费级的数码相机还有快门时滞问题。所以在拍摄冰灯时最好带上一具坚固的三脚架。

为了获取大场面长景深的冰灯全景照片，可能需要较长时间的曝光，此时如果没有三脚架就根本无法拍摄，三角架对照片质量的作用不亚于一个好镜头。

操作密码：佳能 5D Mark II 把 ISO 感光度调高到 6 400，光圈 F 值指定 14，获得安全快门以上的速度 1/60 秒，拍摄结果放大检视，没有发现肉眼不能容忍的噪点。而用尼康 D300，感光度调高到 1 600 时，肉眼所见噪点就无法忍受了。因此，要根据所使用相机的性能不同，把感光度调高到画面质量可以接受的范围。

发挥ISO感光度的作用

ISO 感光度原本表示胶卷对光线的感度,而数码照相机的感光度 ISO)是指 CCD 接受光线信号的灵敏程度,借由改变感光芯片里讯号放大器的放大倍数来改变 (ISO 值,来帮助相机提高快门的速度,用于光线昏暗场所的拍摄。

当提升 ISO 值时,放大器也会把讯号中的噪声也放大,产生躁点。但随着数码科技的进步现在很多单反相机的感光度设计水平已经相当高,特别是佳能 5D2 高感光度的表现非常优秀,使用 ISO 感光度 3 200 拍摄冰灯夜景的画面质量完全可以接受,甚至使用 ISO 感光度 6 400 拍摄,对照片质量也影响不大。

当快门速度较低,拿不稳相机,身边又没有三脚架时,可以适当把感光度调高,让曝光时所需光线减少,帮助提高快门速度,持稳相机拍出清晰的画面。

但并不是所有的单反相机高感光度表现都这么优秀,从原理上分析,低感光度拍出的片子细腻色彩还原好,因此尽可能去使用较低的感光度。要根据所使用的相机不同,把感光度调高到画面质量可以接受的范围。

操作密码:佳能 50D ISO 1 600 1/32秒 光圈 5.6 由于采用了 ISO 1 600 的高感光度,在昏暗场景内拍摄也未出现抖动,得到了清晰的照片也没有产生噪点。当身边没有三脚架时,高感光度就可以发挥作用。

冰灯拍摄时的快速构图

拍冰雕不比拍其他题材，冰雪大世界夜间气温寒冷，即使有备而来，也待不了太久，因此选景构思要快，构图速度也要快。假如慢条斯理的去选景构图，拍不了几张人就冻透了，速战速决，在人冷透之前采用什么技术，配合什么方式构图要做到心中有数才行。

在前一节中曾建议，白天去冰雪大世界熟悉场内环境与布局，选择好天黑之后的拍摄点。可以加快冰冷寒夜拍摄时的取景构图速度，但用什么样的构图方式表达对拍摄内容的表现，需要对常用的几种构图方法有最基本的掌握和了解。

摄影构图说白了，就是画面形式的处理和安排，用以解决画面上各种元素之间的内在联系和空间关系。

构图的过程首先是选择你所见到的景物哪一部分纳入画面，哪一部分排除画面，每一个景物都有无数个视点可供选择，而每一个视点都有不同的透视感、明暗分布和色彩对比来构成不同的画面组合。

构图有两个目的，第一个目的，是为了寻求一种最佳画面的结构形式。第二个目的，是为了最好地表现主题思想和审美情感。第一个目标是过程，第二个目标才是最终的目的。

根据形式美的法则，人们归纳总结出来的构图方法至少有 20 种，虽然这些经典的构图表现形式，是通过前人实践总结出来的经验，符合人们共有的视觉审美习惯，但绝不能生搬硬套这些被总结出来的方法形式，它只能提供对摄影表现形式的帮助与参考，单纯机械地追求构图的方法形式，很难创作出具有生命力的作品。因为构图的理论与法则不是一成不变的，它在摄影实践中不断被否定和不断地被发展。

应该根据拍摄题材和表现意图，对画面形式进行处理和安排，来达到形式上的基本完美和增强艺术上的感染能力。

我们选择介绍最常用的几种构图方法，用前人总结出来的经验法则，对其表现形式进行探讨，帮助大家认识培养良好的审美拍摄习惯，使我们对画面组织的直觉更加敏锐，拍出更好更精彩的冰灯照片。

黄金分割法在构图中的运用

黄金分割法又称：0.618 法，它是古希腊著名哲学家毕达哥拉斯于 2500 多年前发现的一种完美比例关系。古往今来，这个数字一直被后人奉为科学和美学的金科玉律。在艺术史上，几乎所有的杰出作品都不谋而合地验证了这一著名的黄金分割定律，无论是古希腊帕特农神庙，还是中国古代的兵马俑，垂直线与水平线之间竟然完全符合 0.618 的比例。古埃及金字塔之所以能屹立数千年不倒，与其高度和基座长度的比例关系也与 0. 618 极其相似。

0.618 不仅是建筑艺术中最理想的比例，而且，这个数字在自然界和人们生活中也到处可见，令人惊讶的是，人体自身也和 0.618 密切相关，大画家达·芬奇发现，人的肚脐位于身长的 0.618 处；咽喉位于肚脐与头顶长度的 0.618 处；肘关节位于肩关节与指头长度的

0.618 处，0.618 这个极为人而迷神秘的数字，只要留心，到处都可发现它的存在。她创造了无数的美，统一着人们的审美观。摄影当然也不会例外，在摄影中，最经典的构图法则就是黄金分割法以及从黄金分割法中衍生出来的三分法。这两种构图法则几乎在任何一种题材的拍摄中都会经常使用。

摄影中的黄金分割法，是把画面上下左右等比例做出 4 条线来，形成一个井字，因此被称做井字构图，由于画面被平分九个方块也被称为九宫格构图，4 条线交叉形成的点，便是黄金分割点，巧合的是这几个点都符合"黄金

分割定律"，把被摄主体放在黄金分割点上最引人注目，是人们视觉最敏感的地方，因此有些摄影理论把这 4 个点称为"趣味中心"。

四个点有不同的视觉感应，生理测试结果认为，上方两点动感比下方的强，右上方的交叉点最容易诱导人们视觉兴趣，其次为右下方的交叉点。这种构图形式能使主体自然成为视觉中心，具有突出主体，并使画面趋向均衡的特点。把冰灯主体安排在画面右侧最容易引起视觉兴趣的位置，就较好地起到突出主体的作用，是一幅比较典型利用黄金分割法拍摄的照片。

操作密码：大多数单反相机的取景器中并没有网格线（带网格的对焦屏需另外购买），在进行黄金分割构图时，需要靠想象把取景器中的画面划出一个井字，然后根据实际场景，把被摄主体安排靠近在 4 个交叉点的位置，不一定十分准确，只要偏离画面中央靠近井字线，符合人们的视觉停留习惯即可。

拍摄数据：Canon EOS 50D　P 档　评价测光　F4.5　1/60 秒　ISO1 250　曝光补偿 - 0.3　白平衡 自动

三分法构图要点

三分法是黄金分割法中衍生出来的构图方式，在取景构图时将一张图片按比例上下分为三等份，或者左右分为三等份。如果上下左右同时按照比例划定三等份，就变成了井字式构图了。因此可以理解为三分法是"井字式构图"的简化版。是避免对称式构图产生呆板的常用构图方法。把画面或者水平或者垂直化分为三等份后，将被摄主体或主体边缘安排在画面1/3或2/3的等分线上，而不要放在正中间的位置上避免画面呆板。

在拍摄大场面的风景照片时，常用来分配天空或地面景物在画面中所占的比例，一般的规律是，天空有重要的表达元素，比较精彩时留2/3，反之留1/3甚至更少，同样道理，突出表现地面景物时，天空留1/3，地面景物留2/3。一比二的画面比例不仅能够表现广阔的空间感和画面平衡感，同时可以重点突出需要强化的主体。下图这幅图片选择了一个较高的拍摄点，用高角度和广角镜头拍摄，冰灯景物好像从我们的脚下一直延伸到地平线直至天空，增强了画面的纵深感。

操作密码：地平线安排在画面的上三分之一处，之所以地平线安排得较高，主要是为了突出表现地面上气势宏伟的冰灯建筑。地平线划分的一般规律是画面空间哪部分精彩，哪部分所占画面比例就应该大。夜晚冰雪大世界的天空漆黑一片，没有我们需要的创作要素，这时候的天空只是一种陪衬，是一种凸显明亮主体的暗背景，在画面中所占的面积比例不能过大。否则地面上冰灯景观的表现力就会被削弱。

另外，夜晚拍摄安全快门速度不够时，把镜头上的防抖开关打开，可相当于提高2档快门速度。从这张图片的拍摄数据中看出，快门速度1/25s，低于安全快门速度，但由于打开了镜头防抖功能，因此手持拍出来的照片，依然非常清晰。

拍摄数据：Canon EOS 50D　18-200mm 镜头　P 档　评价测光　F11　1/25 秒　ISO1 000　白平衡 自动

对称式构图的变化

取景器中的中央对焦点最容易对焦，而且测光时也需要使用中央对焦点，因此不少人往往会不自觉地把主体放到画面的最中央。无论表现的主体结构形式如何，一律把景物放在正中间是初学者最容易犯的错误。这种对称分割的画面会给人以呆板的感觉。如下图这张照片就犯了主体位置过于居中的错误，没有对称元素的被摄主体放在画面的正中间，整个画面变得呆板、直白显得很突兀。

需要指出的是，被动错误形成的居中对称与对称式构图完全是两回事，不能相提并论。

在现实生活当中，有众多的对称图形给人以匀称和均衡的感觉，这些对称性的感受被广泛应用于建筑、造型艺术及绘画之中。比如众多知名的中外建筑就都是以对称而闻名于世的。埃菲尔铁塔是对称的、天坛、天安门也是对称的。古今中外不少伟大的画家也都善于将对称之美运用到绘画艺术当中。

冰雪大世界里许多冰灯艺术，翻建创作于中外一些经典的建筑，这些建筑结构的本身就是对称式的，有着非常严格的对称设计，我们在拍摄此类冰雕建筑时，首先想到的应该是使用对称式构图，拍摄时最好保持严格的对称，表现出对称构图的严谨和庄严的气势，这需要我们仔细寻找景物的中轴线，只有在中轴线上才能拍摄出严格对称的构图。

操作密码：如果拍摄的冰灯建筑主体是典型的对称物体，拍摄时也要遵循对称的原则，以被摄体的中轴线为取景拍摄角度，可以表现对称式构图的平衡和谐之美。

拍摄数据：Canon EOS 5D Ⅱ　24—70mm镜头　Av档　评价测光　F5　1/500秒　ISO 6 400　白平衡 自动

这是一组 5D Mark Ⅱ 拍摄的对称式构图的作品

《寻找冰灯里的对称》摄影 李继强

　　这组作品拍摄于 2012 年的哈尔滨第十三届冰灯展区。在寒冷的环境中仔细地寻找对称的感觉，并且大胆试验性地调整 ISO 到 3 200 或 6 400 获得成功。我所使用的相机是 5D Mark Ⅱ，24~70mm 镜头。

寻找框架来构图

框架式构图很容易把观赏者的视线引向框架内的景物，起到视线聚集的作用，并能营造出一种神秘的窥视气氛，产生较强的视觉冲击效果。

选择使用框架可以把表现的主体包围起来，把影响主体表现的杂乱背景和多余语言排除在画面之外。让主体更加鲜明，更加集中，更加具有突出表现的能力。这种构图方法能使画面景物层次变得丰富，增强画面的纵深感，而且还能起到装饰美化画面的作用。

操作密码：利用冰灯建筑的一个局部来营造框架构图的效果，由于视角独特，避免了拍摄题材的雷同，夸张的前景框架对主体起到强烈的烘托渲染作用。而且在形式感上也是耳目一新，给人以画中画的感觉。利用前景框架构图，注意画面的简洁，使用广角镜头时尽量贴近选择的框架，把多余的画面语言排除在画面之外，如果选择的框架前景无法靠近，采用变焦镜头的长焦段压缩视角，同样可以把多余的画面语言排除在画面之外，而且长焦的拉近放大功能，会让主体影像增大，产生更强烈的视觉感受。

框架可以是任何形状，除了门洞、窗框等具体形态的框架外，巧妙利用自然景物的透视关系框取画面中的被摄主体，也可以让这些自然元素组成画框，把它们变为框架式构图的工具。如树枝、阴影、流动的线条、明快的色彩都可以做为前景框架来使用。

例如 111 页图借助彩灯装饰的树枝，合理安排取景和透视的关系把看似不能成为框架的元素，变为框架式构图工具。增强了照片的表现效果。

操作密码：构图的目的是为了达到视觉上的美感，而不是为了去印证所拍照片属于哪一种形式的构图，构图方式虽然有章法，却无定法，关键是要灵活运用，现场发挥。这一点非常考验拍摄者的观察力和感悟力。这张作品没有刻意去追求所谓框架的形式，但选择了一个独特的视角在彩灯装饰的树枝后面合理分布截取了一个画面，取得一种不寻常的透视效果。彩灯装饰的树枝可以看成前景，但同时也具有框架的属性。这是对场景感悟得到的拍摄结果，并非机械地套用构图方式所得到的。任何一种构图方式实际上都是形式上的总结而已。

拍摄数据：Canon EOS 5D Mark II 24—70mm 镜头 Av 档 评价测光 F5 1/800 秒 ISO 6 400 白平衡 自动

充分发挥镜头的作用

机身好买，镜头难选是初学摄影者对器材最大的纠结。因为没有一支镜头是可以按着我们的意愿去生产的。光学特性本身决定了什么样的镜头干什么样的活，什么样的制作成本对应什么样的成像质量，本节的内容不是讨论镜头与画质的关系，更不是建议去怎样配置镜头，而是从镜头焦距的角度来谈谈不同焦段的镜头表现作用。

镜头按焦段分类，可分为广角 — 标准 — 中焦 — 长焦 — 超长焦，按着焦距恒定和焦距可调节，又分为定焦镜头和变焦镜头。从镜头的成像原理来说焦距越长，视角越小，景深也越浅，反之，焦距越短，视角就越大，景深也越长。不同焦距的镜头可以为我们表达创作意图、展示环境特征、烘托气氛、突出重点提供帮助。

由于镜头的光学特性，焦段范围越窄镜片越少，光学特性也就越好，单反相机最大的特点是可以更换镜头，专业摄影师和高级发烧友一般都会有数个不同焦段的镜头，用以拍摄不同的场景，体验其中的拍摄乐趣。

但冰雪大世界气候寒冷，黑天野外的环境不方便更换镜头，最好的方法是使用跨度稍大一点的变焦镜头，尽管变焦镜头的成像质量不如定焦，但省去了困难场合更换镜头的麻烦，不必为摄取同一对象，制造不同景别而前后跑动。用变焦镜头裁剪取舍画面，非常适合冰雪大世界这个特殊的拍摄场合。

表现大面积冰灯景观——广角端的优势

广角端的特点是视角大，视野宽阔，能将更多场景囊括在画面之中。可以自由地表现宽、大、深、远的画面效果。而且广角的景深长，能保证拍摄场面的清晰范围。另外，广角还具有夸张、变形的特点，可用来强调冰灯主体的造型，以物体的远近透视关系来增强画面的视觉冲击力。

特点之一，有利于表现大场面

冰雪大世界入夜以后，灯光璀璨，各种冰灯艺术的造型在灯光的照射下显得气势磅礴。远取其势、近取其质，很多优秀的冰灯摄影作品，都是以表现冰雪大世界大气的场面而取得成功的。

拍摄大场面，宽阔的视角能显现出冰雪大世界广阔宏大的现场气势，而广角镜头最大的特点是可以表现较大的空间环境，由于广角的焦距短，景深长，即时快拍有很强的机动性，因此选用广角拍摄冰灯场景，往往是摄影人最多使用的方式。

等效焦距达到 35mm 就算是广角了，但35mm 镜头的视角在拍摄空间狭小，物距较近的时侯，景物往往收纳不进来，而等效焦距28mm 或 24mm 则要好的多。如果你使用的是全画幅单反相机，应该会有一支从 24mm 起涵盖了广角和中焦的变焦镜头（比如 24—105mm 或24—70mm）。其等效焦距广角端基本可以满足冰雪大世界大场面的拍摄使用。

但大部分摄影初学者使用的是 APS—C 半画幅的单反相机，镜头焦距与全画幅不是等效的，存在一个倍率换算关系，比如佳能相机是按着倍率 1.6 进行换算，那么 24mm 就变成 38.4mm 了。如果对应全画幅24mm的等效焦距，半画幅的镜头焦距应为15mm。

一般半画幅单反相机的变焦镜头大多从 18mm 起住上涵盖中长焦。比如 18-135mm 或 18-200mm。广角端按着等效焦距折算后大约

为 28.8mm(按佳能倍率计)，广角端仍然不如全画幅 24mm 来的广阔。不过，收纳同样场景内容除了和镜头视角有关外，还和拍摄物距即拍摄距离有关系，退后几步改变拍摄物距的距离，可相应扩大镜头的取景范围，每退后 1 米相当于增加 10mm 镜头的焦距，使用半画幅相机调整拍摄距离，抵消焦距系数的转换倍率，是获取收纳更多景物的有效方法之一。

操作密码：用广角端拍摄冰雪大世界大场面的开阔气势，最好选择一个高点位置，肉眼所及有广阔的视野范围，这样有利于用镜头自由地选取组织画面，这幅作品选择拍摄的位置较高，物距较远，28mm 的非等效焦距也可以拍出场面开阔的宏大场景。

拍摄数据：Canon EOS 50D　18-200mm 镜头　P 档　评价测光　F6.3　1/50 秒　ISO1 000　白平衡 自动

特点之二，有利于制造大景深

我们知道所谓景深是指画面拍摄的清晰范围，景深越大，清晰范围越广，制造大景深的三个必要元素是：焦距要短，光圈要小，焦点要远。一般广泛应用在拍摄风光照片上，掌握应用以上三个操作步骤就可以获得画面全清晰的效果。使用广角是其中实现大景深的主要元素之一，特别是表现较大场面的冰灯建筑群，大景深可以给人以震撼，用广角配合使用较小光圈获得到较大的景深效果。

操作密码：用24mm广角拍摄冰灯建筑群，配合使用较小的光圈拍出大景深的画面。可以使照片的前、中、远景都比较清晰。

拍摄数据：CanonEOS 50D　18-200mm镜头　P档　评价测光　F7.1　1/60秒　ISO 800　白平衡 自动

特点之三，有利于收纳完整的内容

冰雪大世界地面冰灯建筑比较密集，拍摄一些单体冰灯艺术作品时，由于拍摄空间狭小，不用广角很难获取完整的冰灯艺术单体。比如这张作品，受拍摄场地的限制，镜头与被摄主体的距离只有 5-6 米远，如果用相同的相机（比如都是半画幅的相机），那么用 18mm 广角端可以把冰灯主体完整拍摄下来的话，换成 50mm 的定焦镜头（等效焦距 80mm）就只能拍摄到冰灯主体的一角了。因此，充分利用广角镜头视角大的特点，即使拍摄空间有限制，也能获得比中长焦镜头更多的表现内容。这是广角镜头在狭小空间拍摄完整画面内容的一大优势。

操作密码：在环境狭窄，无法增加拍摄距离的情况下，使用广角端可以扩大拍摄视野，在较近的距离也可将高大的主体完整的纳入画面。而同一距离用中长焦只能拍下画面的一个局部。

采用评价测光模式可同时锁定曝光和焦点，锁定曝光和焦点后，平移镜头避免拍摄主体居中，把主体移到画面合适的地方完成构图，释放快门。

拍摄数据：Canon EOS 50D 18-200mm 镜头 P 档 评价测光 F5.6 1/30 秒 ISO 800 白平衡 自动

特点之四，有利于夸张表现主体

　　广角除了上述介绍的特点外，另一个重要的性能是具有超比例渲染近大、远小的功能。用广角镜头拍出来的照片，近的东西更大，远的东西更小，从而让人感到拉开空间距离，在纵深方向上产生强烈的透视效果。透视上形成的近大远小的比例得到极大的夸张。

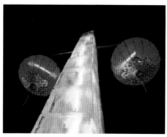

　　利用广角夸张变形的特点，贴近仰拍，把熟悉的东西拍陌生了，让不起眼的景物显得不同寻常。

　　如上图的两张照片是同一个拍摄主体，采用两种不同的焦距和视角拍摄，可以发现广角拍摄的那张照片，有夸张变形的作用，冰塔像要向后仰倒一样，这是因为用广角大角度仰拍带来的透视效果。

　　下面的图片利用广角近大远小，夸大景物纵深感的特点，使画面中的冰砌围栏产生强烈的透视变形作用，较好地表现出画面的空间感，增强了画面的感染能力。

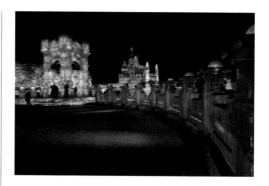

　　操作密码：广角的透视效果会让近处的东西显得更大，远处的东西显得更小。利用这一特点，可以强化近处的前景，制造画面的纵深感。用 24mm 广角端贴近冰砌围栏拍摄，近处的冰砌围栏被放的很大，远处的围栏显得很小，彰显出广阔的场面气势。

　　拍摄数据：Canon EOS 5D Mark Ⅱ　24—70mm 镜头　Av 档　评价测光　F5.0 1/800 秒 ISO6 400 白平衡 自动

特点之五，透视变形的后期处理

　　在大多数人的印象里广角会带来透视变形，但并不是广角镜头就一定发生形变，透视变形的主要原因是拍摄距离过近，如果拍摄距离合适，形变是可以控制的。不过在拍摄环境受到限制，无路可退的情况下，是无法选择拍摄距离的。只能被动接受透视变形的拍摄结果。如我们要拍摄的第十三届冰雪大世界大门的城堡，由于地形所限（身后是围栏和行车的马路），只能在这个距离用广角把大门城堡全貌纳入画面。由于拍摄距离较近，必然产生透视变形。虽然，广角近距离的透视变形，可以制造奇特的视觉效果，但很多时候我们并不希望拍摄的物体变形，如果遇到这种情况，可以通过 photoshop 等软件在后期进行处理，把透视变形矫正过来。下图就是通过后期矫正后的效果。

广角透视变形原图

后期用photoshop修正后效果图

中长焦表现冰灯景观的方法

表现优秀的两款中长焦镜头,都落在了70-200mm 这个焦段,如佳能的"小白"和尼康的"小竹炮"这两支大名鼎鼎的"牛头"上。(这个焦段是指全画幅相机的实际焦距。)

前面提过,许多初学者使用的单反相机大部分为 APS—C 半画幅相机,由于视角的关系存在一个焦距的转换系数(C 派相机的系数为1.6,N 派相机系数为 1.5)这个系数的存在造成不少的麻烦,镜头显示的焦段往往都要换算一下,焦段要乘以一个系数才是真正的实际使用

焦段。比如佳能 24—70mm 的 EF 变焦镜头,用在半画幅机身上,换算后会变成 38.4—112mm 奇怪的焦段,广角几乎没有了。

EF 系列镜头不是为 APS—C 半画幅相机设计的,不考虑焦距转换系数的存在,24mm 广角用在半幅机身显然不合适。因此,专门为半画幅相机设计的 EF--S 系列镜头广角端至少是从 18mm 起始的。

不过,EF 系列的中长焦镜头用在半画幅机身上却似乎占到了便宜,比如 70—200mm 变焦镜头用在 APS—C 半画幅机身上,就变成了112—320mm 的焦段了。整整多出了 120mm 的视觉焦距。因此不少打鸟族愿意使用半画幅相机配以 EF 系列的长焦镜头,体验超长焦远摄的乐趣。100—400mm 的"大白"变焦镜头,用在半幅机身上长焦可达到 640mm,而全画幅选一款 600mm 的超长焦镜头要 7 万元以上,一般人是玩不起的!除去画质不谈,体验超长焦拍摄的感觉,半画幅相机在中长焦表现方面比全画幅占有很大的优势。

中焦段的视角、透视和人眼比较接近,被推崇为拍人像最佳的焦段。但拍创作拍表现效果相对比较平淡,无法通过特殊的视觉效果来增加照片的表现力,很少用于拍摄风光作品。

长焦与广角相反,拍摄的视角小,收纳的信息没有广角那么多,画面显得干净简洁,各元素容易组织起来。画面越简洁,照片也就越具有概括性。对于初学者而言,选择长焦学习构图,也许更容易出片。

长焦具有放大拉近景物的功能,对于远距离的景物,不必走到景物近前,就可以将它们拉近仔细观察,截取捕捉景物细节,对需要表现的局部进行拍摄。使用长焦镜头还能起到虚

化背景、压缩透视的作用，让景物之间的距离看起来更近，产生明显的压缩感。

用长焦拍冰雪大世界的难处在于选择拍摄场景，需要相对比较开阔的地方，长焦才能耍的开，否则镜头里看到的只能是充满画面的一个个冰灯局部。

方法之一，利用长焦表现压缩感

长焦的透视特点是近大远小的效应不明显，拍出的画面有压缩感，远景和近景紧紧贴在画面，看上去会显得更近，使画面变得简洁而紧凑。在拍摄成排列形状的冰灯建筑时，能形成一种独特的图案效果。将原来松散排列的冰灯建筑压缩在一起，达到一种特定的表现需要。如上图这幅图片，用长焦压缩了物体之间的距离，使远处的冰灯建筑好像贴在了一起，冰灯主体之间的间距看上去比实际距离要短，压缩感比较强。

方法之二，利用长焦表现细节

长焦有拉近放大景物的功能，对于远距离的景物，不必走到景物近前就可以拍到。这是中长焦镜头的优势。在拍摄离自己距离较远的景物或一些大场景中比较突出的景物时，能起到放大、特写的效果。

冰雪大世界是个旅游景点，尤其夜晚人满为患，总有游客在镜头前穿来穿去，影响拍摄，

适当利用长焦端将影响拍摄的因素排除在画面之外，选择一些精彩的局部，将不易接近的拍摄对象拉近放大进行拍摄，把我们想要的被摄体充满画面，这样会有利于表现所要突出的物体，让画面变得更简洁，更容易突出表现物体的细节。

用 320mm 长焦（半画幅的等效焦距）把远处局部拉近后，产生的视觉效果。

虽然用的是 80mm 中焦（半画幅的等效焦距）但拍摄距离较近，用局部特写的方式，把背景排除在画面之外，屏蔽了对物体的联想空间，把冰块冻结时产生的气泡得以突出强化，形成强烈的视觉冲击效果，从这两张图片的实例中说明，突出表现物体的细节，焦距和物距同样重要。

方法之三，利用长焦控制画面的虚实

控制镜头成像虚实变化的规律是，焦距越长、光圈越大、摄距越近、背景越远则虚实变化越明显，这是一条非常实用的控制景深的方法。只采用其中的一种拍摄方法，效果没有几种方法合起来使用的作用明显，因此，控制景深应该在长焦的基础上结合使用大光圈，尽可能地靠近被摄体才能获得明显的虚实变化。浅景深效果能使环境虚化、主体清楚，常做为突出主体的一种表现方法。

采用 f5.6 的大光圈，96mm 的等效焦距，靠近被摄体拍摄。远处冰灯背景明显虚化，让观赏者的注意力集中落在冰雕天鹅的身上，达到了突出表现主体的目的。如果仅采用长焦，拍摄物距较远，光圈也较小，背景虚化程度就会减弱。造成背景似清非清，即不象主体那么清晰，也没有模糊到弱化背景的目的，会分散干扰观赏者对主体的注意能力。因此，想要获得较明显的虚实变化，即使用长焦镜头拍摄，也应注意配合使用其他几个制造浅景深的手段才行。

方法之四，利用长焦"扫街"

所谓扫街是记录市井百态，世间万象的一种纪实拍摄方式。由于纪实摄影非常贴近人们的生活，所以深受摄影爱好者的喜爱，但"扫街"毕竟是一种抓偷拍行为，近距离拍摄会给被摄者的活动造成干扰，当镜头接近被摄体时往往会造成表情僵硬，或者故作姿态极不自然。遇到反感拍摄自己的对象还可能爆发冲突。

使用长焦扫街有着得天独厚的优势，因为用长焦可以保证拍摄者与被摄者之间保持相当远的一段距离，能在较远的距离将被拍摄对象拉近，并使其充满整个画面而又不被人发现，从而大大削减被摄者的戒心和被发现的可能性。这样可以在被摄对象不知情的情况下拍摄到生动自然的神态。用长焦隐蔽在被摄者完全不知情的角落，不会对被摄者产生干扰，因此拍下非常自然的摄影人现场交流的表情场景。

五彩缤纷的冰雪大世界有许多适合扫街的市井百态，只要你留心，可以用长焦拍出一幅幅生动自然的扫街画面。做为外拍的花絮别有一番味道。

方法之五，长焦端要注意机震

由于长焦部分视角小，轻微的震动就会造成照片模糊，快门速度一般用焦距的倒数来确定，焦距越长，快门速度就应越快，如 100mm 焦距快门速度不能低于 1/100 秒，200mm 焦距，快门速度就应当快于 1/200 秒。长焦拍摄出现照片模糊大都是快门速度慢，相机抖动造成的。在昏暗场合拍摄冰灯无法提高快门速度时，尽量使用三脚架进行拍摄。

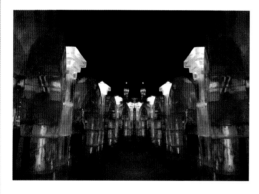

这是用三脚架拍摄的效果。注意，拧上三脚架后，如果镜头有防抖功能应该关闭，否则你会发现拍出来还是容易模糊（上架之后，如果打开镜头防抖，镜片组自己在动）。如果没有三脚架，应该把防抖打开，打开防抖可相应提高两三档的快门速度。但防抖不是万能，为保证成功率和画面质量，尽量采用三脚架拍摄。

当然，适当提高感光度也是解决的方法之一。

冰灯夜景正确曝光的技巧

方法之一，正确选择模式拍冰灯

准确的曝光控制是夜晚拍摄冰灯的关键。冰雪大世界的夜晚光线复杂，色彩斑斓，亮度不均的灯光使确定曝光量具有一定的难度。因此选择一种恰当的拍摄模式是决定曝光正确与否的关键。

现代的单反相机是一台小型的计算机，设计者从数万张大师级的作品中遴选出光圈快门组合的最佳数据，制作成曝光组合程序，让使用者站在巨人的肩膀上，只要轻点快门就会自动获得一组准确的曝光数据，拍摄出曝光正确的照片。这种全自动模式不用你考虑任何事情，因此被称为傻光模式，适合在光源不复杂的情况下拍摄出曝光正常的照片。但在冰雪大世界那种光源复杂的环境，全自动模式因测量景物光线亮度不够时，会自动弹起闪光灯进行辅助照明，并将曝光区域集中到闪光半径内，无法还原冰灯现场的亮丽景色。闪光半径内会很亮，闪光半径外则会很暗，破坏现场的气氛无法拍出象样的照片。

想要充分利用现场光源真实还原冰雪大世界的拍摄场景，应该选择能够自主设定拍摄参数的程序曝光模式，可以是 A 档，也可以是 S 档或 P 档，只要能把握住现场光线对拍摄结果的影响，哪个档位都可以，关键在于拍摄参数的设定。不过许多初学者采用程序曝光模式虽然可以自主设定测光模式、感光度、光圈、快门、白平衡等各项参数，但由于组织操作不当仍然会拍出失败的照片，最常见的毛病之一是冰灯局部过曝，高光区域丢失细节。我们通过一些拍摄实例来分析失败的原因，从中掌握好防止局部过曝的正确方法。

方法之二，测光方式务必正确

冰雪大世界夜晚的灯饰亮度和夜空形成极大的反差，是典型的大光比拍摄场景。而且即使是单一的冰灯建筑，照明也是有变化的，每一点的亮度也不一致，理论上说如果能把握暗部与亮部的中间值进行测光，拍摄效果肯定是最好的。但冰雪大世界夜晚的灯光每时每刻都在不断地变化，很难找准中间亮度的部位来进行测光。因此采用什么样的测光模式，怎样把握好测光并不容易。

点测光或局部测光，在光源复杂的情况下是保证主体曝光准确的一种测光方式，但是被摄主体不在画面中央时，很容易造成主体曝光不足或过度。此时必须配合使用曝光锁定功能，对主体测光并锁定曝光后，才能根据构图需要重新安排主体位置完成拍摄。而初学者最容易忽略的恰恰是这个过程。大量的评价测光拍摄经验，让初学者不自觉的以为对焦点就是测光区域，结果往往造成事与愿违的拍摄结果。

下图采用局部测光，对焦点放在了拍摄者认为应该清晰的地方，忽略了局部测光模式是按画面中央暗区 9% 面积进行测光，给出曝光组合的，暗区测光的结果让白色冰雕严重过曝，亮区层次大量丢失，损失了细节而有失观感。

操作密码：采用点测光或局部测光，如果被摄主体不在画面中央时，一定要记住中央对焦点以外的对焦点并非是你的测光点，它们总是以画面中央的区域来计算给出曝光组合的。即使采用中央对焦点，半按快门锁定的也只是焦点而非曝光（佳能机器），不可以半按快门平移画面重新构图。因为平移画面后会产生新的曝光组合，造成主体曝光失败。正确的方法是，用中央对焦点先对拍摄主体测光，利用曝光锁定功能锁定对主体的测光数据，然后根据自己的想法构图后，对拍摄主体重新对焦，完成拍摄。使用点测光和局部测光，最好养成测光锁定再构图的习惯。把测光和对焦分开进行。

这张图片的错误在于拍摄者想用小光圈取得较大的景深，机械地采用焦点放在画面前三分之一处的方法，试图获取一张画面全清晰的照片，但同样忽略了正确的测光点，虽然这张照片采用的是评价测光方式，而评价测光在任何一个测光点都会对整个取景区域平均计算测光值，如 50D 可以把整个画面划分为 35 个区，根据选择的测光点为基数，加权平均 35 个区的亮度给出一组曝光组合，问题在于选择了哪一个测光点为基数，选择了地面较暗的部位为基数，其结果是亮区部分加权平均后过曝，想要主体曝光正确应该把测光区域放在冰灯主体上，以冰灯亮区为加权平均的基数虽然会让光源以外的场景曝光不足，但掩盖了无须表现的暗区层次反而会更好地强调主体，除了冰灯主体外，黑暗的天空本来就没有需要表现的层次，把测光点直接对在冰灯主体身上，把天空压暗，只强调主体曝光正确即可。

拍摄数据：Canon 5D Mark II 24–105mm 镜头 F4 ISO 6 400 1/60 秒 局部测光

操作密码：对于初学者来说，点测光是较难运用的技术，常常需要配合曝光锁定使用，操作起来比较复杂，如果你对相机操作不甚熟练，建议采用评价测光模式来测光，这是一种比较智能安全可靠的测光模式，在大多数实际拍摄场合比较容易获得事半功倍的效果。冰雪大世界灯光工程亮度较高，在拍摄时只要对准较典型的冰灯建筑亮度测光就可确定曝光量。

拍摄数据：Canon EOS 50D 18-200mm 镜头 P 档 评价测光 F3.5 1/13 秒 ISO 800 白平衡自动

方法之三，正补偿还是负补偿

夜晚的光线昏暗，拍摄冰雪大世界夜景时很多人会担心曝光不足，其实拍摄冰灯夜景，需要担心的恰恰应该是曝光过度，这是因为许多拍摄者在选择测光对象时，很难找准中等亮度的部位去测光，测光部位如果亮度太低，相机会自动增加曝光，造成亮区曝光过度，画面的高光部分必定没有层次，大大削减画面的可看性。

为防止亮度较高的表现内容曝光过度，在暗部区域占据画面较大面积时，应使用曝光负补偿来保证亮区部分的层次表现。而且使用曝光负补偿后，还会同时提高相应级数的快门速度，能辅助提高手持拍摄的成功率。

方法之四，高光色调优先

高光区域的层次丢失，说到底是相机感光的范围限制造成的，我们把相机能够感知的光线范围也称作相机的宽容度，当超过相机所能承受的高光感光范围时，高光细节层次就会丢失。为减轻高光溢出的现象，不同品牌的相机都提供了宽容度补偿的功能。如佳能的高光色调优先，尼康的动态范围（D-Lighting）等等。

在拍摄冰雪大世界夜景时，最好进入菜单设定启用这个功能，启用高光色调优先后，相机速控屏幕和右肩屏会出现 D+ 的符号，提醒你此功能已打开，在光源之间明暗差较大的情况下。对白色超亮物体有较好的抑制高光溢出的作用。

不过这种扩展高光区域动态范围的效果是有限的，不要指望开启了这个功能，就可以在光比很大的场合，得到暗部层次和高光细节都保留的效果。

拍好纪念照片，
给回忆留下亮点

每个人到了一个陌生的地方，都愿意留下自己的身影作"到此一游"的纪念。面对冰雪大世界璀璨的夜景，拍出一张留下美好回忆的夜景人像作为纪念照，却意外的困难。不是背景太暗，就是人物曝光不正常。相对于白天，夜晚拍好纪念照确实较难，拍出满意照片的概率也不高。

由于人物不是发光体，夜晚环境拍纪念照，常常需要用闪光灯做辅助照明，而闪光灯的使用时，有一些重要的条件常常被初学者所忽略。夜间人像拍摄其实是一门独立的题材，不是本书讲述的内容，我们只针对夜景环境拍纪念照容易忽视的问题，整理出几条提供参考。其简单的目的是让初学者在冰雪大世界留影时，少些遗憾。

方法一，使用闪光灯打亮主体

拍夜景人物纪念照，如果采用全自动模式，不会出现闪光灯不工作的现象。在这种模式下，拍摄的几乎所有参数如光圈、快门、白平衡、感光度、测光模式等（包括闪光灯模式）都被相机接管。你不用操心哪种设置没有设定，也不用担心设置的正确与否。相机已经优化完成了所有拍摄设定。只剩取景构图由你来完成。但全自动模式在光源复杂的条件下，即使是拍纪念照，也很难拍出令人满意的照片。

换成 A 档或 P 档拍夜景人像，可以设定各种拍摄参数，控制画面效果。当需要对人物闪光补光时，必须强制弹起闪光灯，而且在菜单中将闪光灯闪光选项，设置为启用，才能用闪光灯进行补光，两个环节缺一不可。

采用全自动档以外的任何模式拍摄夜景人像，可能需要闪光灯对人物主体补光。遇到这种情况，必须按下相机上带有闪光灯符号的按钮，强制弹出内置闪光灯后才能进行闪光补光，当然，菜单选项中闪光灯闪光应设置为启用，也是必须的。

方法二，注意遮光罩下的阴影

遮光罩是最常用的摄影附件之一，其作用是防止杂光进入镜头消除雾霭，提高照片的清晰度与色彩还原。遮光罩还有受意外撞击时保护镜头的作用，同时可以避免手指误触镜头表面，搞脏镜头。

大多数单反相机的镜头都标配有遮光罩。但在拍摄夜景人像时，遮光罩不宜与内置闪灯一并使用，夜晚拍人物纪念照时，一定要提前将遮光罩取下，或者反向安装在镜头上，否则闪光摄影时，遮光罩会阻挡光线留下一道弧形的黑影。

方法三，解决闪光摄影时的背景曝光不足

夜晚的冰雪大世界，在五彩灯光的照耀下，显得炫目华丽，但拍纪念照用闪光后的结果，往往是人物清晰明亮，背后的冰灯景观却是黑乎乎的一片，与现场的感受完全不一样。出现这种现象的主要原因是闪光灯同步的方式问题。

在夜景下拍摄人物用闪光灯的做法应该是正确的，但相机在全自动模式下仅计算前景的曝光时间，一般在 1/250 秒 ~ 1/60 秒之间，在这种快门速度下无法满足较暗、较远的背景的曝光。

用 P 档和全自动档的情况相似，在 P 档模式下，闪光同步速度最低不超过 1/60 秒，作为前景人像，由于在闪光半径范围内，1/60 秒的闪光同步速度完全够用，但背景距离较远时，闪光灯没有能力照亮背景。这种闪光同步速度无法满足远距离的背景曝光，必然会造成背景曝光不足，出现人像清晰明亮，而背景会拍得一团黑的情况。

下面图片人物离冰灯背景距离较远，且环境较暗，拍照时采用的是 P 档模式，强制弹起内置闪光灯后，相机进入到全自动闪光摄影，光圈快门被自动设置（F4.0 1/60 秒）。前景人物主体拍摄距离较近，打光充足，1/60 秒的闪光同步速度完全够用，但对光线较弱的远距离背景，快门速度就太快了，不可能让背景充分曝光，造成背景画面严重曝光不足，失去了纪念照对环境的表现。没有典型环境的纪念照也就没有意义了。

操作密码：在 P 档模式下，强制弹出闪光灯后，光圈速度将不能调整（回归到全自动模式状态），始终会以 1/250 秒—1/60 秒自动选择闪光同步速度。可能造成背景曝光不足。

拍摄数据：Canon EOS 50D 18—200mm 镜头 P 档 评价测光 F4.0 1/60 秒 ISO 400 白平衡 自动

遇到这种情况可以考虑改用光圈优先的模式，在光圈优先的模式下，闪光同步速度可以设置调整，在自定义菜单中，闪光同步速度选择自动，改变 1/250 秒—1/60 秒闪光同步速度的限制，这样生成的快门速度将不受是否使用闪光灯影响。在指定的光圈下，会以环境光决定快门速度，一般是在环境光量的基础上自动提高一档闪光同步速度。用 A 档闪光摄影拍纪念照，才可以满足背景长时间曝光的需要。

背景长时间曝光更方便的模式是快门优先，在 S 档不用去设置闪光同步速度，闪光灯也会根据指定的快门速度而同步。比 A 档可能更方便。

长时间曝光带来的问题是快门速度变慢，

而较慢的快门速度会产生机震，即使打开了闪光灯，手持拍摄也会造成画面模糊。需要使用三角架才能保证画面的清晰。

方法四，选择闪光灯后帘同步方式

拍好夜景纪念照，除了闪光灯的闪光同步速度外，另一个重要的条件是正确选择闪光灯的快门同步方式。

单反相机的快门一般有两个快门帘，第一快门帘和第二快门帘（也称为前帘和后帘）。前帘同步是相机预设的闪光同步，在此程序下快门打开的同时引发闪灯光闪光，后帘同步在前帘开放时不闪光，而是在后帘关闭的瞬间引发闪光灯光闪光。后帘同步要通过相机设置才能运用。

拍摄静止物体而且快门速度较快时，两者间的区别并不明显。但在长时间曝光拍摄有活动倾向或活动物体时，使用不同的闪光同步模式得到的效果则会完全不同。

在背景曝光不足的实例中，我们介绍了延长背景曝光时间的方法，应该强调的是在拍摄夜景人像时，最好使用闪光灯后帘同步的方式。

采用后帘同步的好处是在背景充分曝光后再闪光，只要闪光灯不闪，被摄者会有意识保持姿势不动，等待闪光灯闪光后去判定拍摄是否完成，不会过早移动位置引发虚影，因此最后的人物定影就很清楚。

前帘同步是先闪光，当闪光灯发出闪光后被摄者会误以为拍摄完成，一旦移动就会在曝光位置前方留下被摄体移动的虚影破坏画面。如果采用后帘同步闪光拍摄，被摄者会有意识保持一个拍摄姿势，等待闪光灯闪光的那个瞬间出现，这种简单的逻辑判断，可避免人物移动破坏画面。而且采用后帘同步后，曝光开始时即使人物有些晃动也没有太大影响，因为后帘同步是在关闭快门的那一瞬间闪光，最后的闪光会将主体定格，使最后的定影很清楚，后面的影像会覆盖前面的。

操作密码：采用后帘同步的方法，在背景充分曝光后，机顶闪光灯打亮被摄主体。

拍摄数据：尼康 D300 18-200mm 镜头 P 档 评价测光 F5.0 1/125 秒 ISO 1 600 白平衡自动

冰灯作品欣赏

我们从操作角度讲解了冰灯题材的拍摄方法和技巧，冰灯的美是冰灯艺术作品本身的，如果只停留在记录层面，去还原冰灯艺术的美，很可能千人一面，缺少摄影本身的艺术魅力，当我们掌握了冰灯题材的拍摄方法和技巧后，应该利用摄影的艺术手段来进行属于摄影行为的艺术创作。

任何艺术形式都有自己特有的语言，摄影的语言当然是光影，没有光影就没有摄影，从技术上我们已经反复研究讨论了光影的把握方法。但用光影这种特殊的摄影语言去创作表达内心的感受并非仅仅是技术问题。

去欣赏一些他人成功的作品，是初学者进行创作的基础，从中可以为自身创作积累资料和知识，感受作者的创作意图，了解作者成功的要素，借鉴其表现手法。

多欣赏他人成功的作品，对自身从记录层面步入创作层面会产生积极的影响。提供一组冰灯作品希望你可以从中得到点启发。

《仅仅是选择了一个角度》 摄影 李继强

操作密码：大量的冰灯，一个色彩斑斓的世界，不要什么创意，多走动，选择自己满意的角度而已。曝光量就是 P 档，唯一值得说一下的，就是 ISO 感光度我调整到 6 400，用广角镜头贴近拍摄。

EOS 5D Mark II 24-70mm 镜头，手持拍摄。

《三次曝光试验》摄影 李继强

　　操作密码：冰灯的冷色、暖色、月亮，各曝光一次。冷色曝光量：24-70mm 镜头 F2.8 1/60 秒 ISO1 600；暖色曝光量：24-70mm 镜头 F2.8 1/100 秒 ISO1 600；月亮曝光量：500mm 折反镜头 F16 1/125 秒。失败 6 次，这是第 7 次的结果。在黑背景上，操作还是简单的，成功较容易。尼康 D300 相机。金钟三脚架。

《神秘的古堡》摄影 李继强

　　操作密码：EOS 5D Mark II　24-70mm 镜头　1/80 秒　F4.5　ISO800　曝光补偿 -1
冰灯刚亮灯，有些灯还没亮全，有种神秘感觉，比亮亮堂堂的效果有味道。

Chapter eight

不虚此行，太阳岛拍雪雕

第八章

太阳岛雪博会是国内开发最早、规模最大的以雪为主题的艺术盛会。如果说哈尔滨是中国冰雪艺术的摇篮，太阳岛则是中国雪雕艺术的发源地。

本章系统讲述了太阳岛雪雕拍摄攻略，围绕着雪雕拍摄的困惑提出了解决办法。

并对 RAW 拍摄、光线的利用、色彩对比、后期剪裁等进行了详细论述。

太阳岛雪雕拍摄攻略

太阳岛雪博会是国内开发最早、规模最大的以雪为主题的艺术盛会。如果说哈尔滨是中国冰雪艺术的摇篮，太阳岛则是中国雪雕艺术的发源地。

第一届雪雕游园会起始于 1989 年，以群众雪雕比赛为主要内容。最初以天然雪为原料，每届雪雕会用雪只有六七百立方米，天然积雪沙尘多、含水量低、粘合力差，并掺杂有树木的枯枝败叶，雕出的作品颜色不白，艺术水准也不高。1991 年从加拿大引进了第一台人工造雪机后，使雪雕的原料和质量得到了保证，使哈尔滨的雪雕进入了快速发展期，雪雕会的规模得以进一步扩大。除了初始的群众雪雕比赛外，全国性的雪雕比赛也在这里相继举行。1996 年又增加了国际雪雕比赛，充实了世界雪雕艺术的宝库，2006 年太阳岛雪博会的主题作品"尼亚加拉风光"以长 256.56 米、宽 14.55 米、最高点的绝对高度 16.57 米而创造出吉尼斯世界纪录，获得吉尼斯"最长的雪雕"证书。

雪博会从初始建办时的地方群众娱乐活动，演变发展成"世界上最大的冰雪狂欢嘉年华"，成为哈尔滨冰雪旅游的最大亮点而名扬四海。近年来一年一度的太阳岛雪博会，以巧夺天工的冰雪艺术、精美绝伦的冰雪景观、吸引了越来越多的海内外游客和冰雪摄影迷恋者来这里体验独具魅力的冰雪文化。

《天鹅姑娘》 摄影 吕乐嘉

保暖提醒

冰雪大世界一节中提醒的装束，去太阳岛雪博会拍雪雕完全没有问题，而且雪博会有暖屋，拍冷了可以进去暖暖身子，咖啡、热饮的价格也不过分，不过千万注意上一章中提到过的相机保护的措施，一定要注意避免让相机结露！其实雪博会 2 个小时左右就可以拍得很仔细了，坚持一下可以避免很多麻烦。拍摄期间要避免设备有过大的温差变化。

雪雕拍摄攻略

拍雪雕最好是在制作完成的头几天，那时间没有被灰尘污染，质地特别洁白，而且棱角分明、质感也好。雪雕的艺术生命很短，只能保留两个多月的时间，冰雪消融之时，它短暂的美丽也就随之消失。因此有人把雪雕比喻为残酷的艺术，但这正是它的魅力所在，错过冬天这个特殊的季节，你就无法欣赏到它的纯洁与美丽。只有在寒冷的冬季你才能被它震撼、被它征服、将它短暂的艺术生命用镜头长存于记忆的底片里。

雪雕拍摄的困惑之一，画面发灰

这可能要再次温习相机测光系统的原理：世上所有物质的色彩，都是靠物质对光线的反射来呈现的，纯黑色的物体反射率是 0，纯白色的物体反射率是 100%，所有的物体都在这两个极端之间。把自然界中的所有物体的亮、暗、和中间色调混合起来后产生的是 18% 的灰。为了再现自然界中多数物体的影调，相机中的测光系统在设计时被设定要还原出 18% 的灰色影

调。测光系统在极端物体面前（纯黑或纯白）就不会思考了，总是"认为"被摄对象是中灰色调（因为设计如此），并提供再现中灰色调的曝光数据。当你测光对准一堆白雪时，测光系统将努力使白雪呈现出 18％ 的灰。当你对准一个煤堆测光时，它也将努力使煤堆呈现出 18％ 的灰。结果是白雪不白，黑煤不黑，如果想要雪是白的煤是黑的，就不能依赖相机本身的测光系统去完成曝光数据组合了，这就是我们一再重复的白加黑减的道理。

拍出的雪雕画面发灰发暗，就是白色的雪雕迷惑了相机的测光系统，提供了一组再现中灰色调的曝光数据，自动减少曝光量，使雪雕还原出 18％ 的灰，造成雪雕不白的结果。在相机测光数值的基础上手动增加曝光补偿，拍摄出的雪雕才能显得白净通透。

曝光补偿补多少，是否需要曝光补偿，要根据测光方式和雪雕在画面上占据的比例而定，顺光拍摄有环境的雪雕时，宜采用多点全区域评价测光。在光比不大的条件下可较好地均衡画面光线，不使用曝光补偿也可以获得较为准确的曝光，顺光下如果用点测光，有可能造成中间亮、周围暗的现象。但在顶光和逆光的时候，由于光比较大，则应该用点测光模式选择区域进行测光。选择点测光的部位要准确，亮度要合适，不能过亮，也不能过暗；而且测光后必须锁定，避免重新构图移动相机导致曝光偏差。

曝光补偿改善画面发灰的原则，是根据雪雕在画面上占据的比例，一般的经验认为，白色物体在画面上占的比例大于等于 2/3 时，需要进行正补偿，而且面积越大，曝光补偿值增加的越多。

下图显示的雪雕充满了画面，白色物体占的比例很大，此时应该较大幅度的进行曝光正补偿。左侧图片没有进行曝光补偿，采用正常的曝光组合，结果拍出的雪雕画面比较灰暗，而右侧图片增加一档曝光补偿后，拍摄的雪雕画面效果得到十分明显的改善。将雪雕的洁白正确地表现出来。

白色雪雕物体即使没有充满画面，但所占比例较大，在侧光条件下也应该适当增加曝光正补偿，否则仍然会出现画面发灰的情况，如下图采用正常曝光组合拍摄的画面，雪雕显得灰不溜丢的，把雪娃洁白的质地拍没了，失去了雪雕特有的美感。在同样光线下，增加了1/3 档曝光补偿，效果得到明显改善，白净通透了许多。

雪雕拍摄的困惑之二，曝光量拿不准

　　合适的曝光量是获取高质量影像的关键。曝光准确的照片，影调自然，颜色饱和鲜艳。曝光不足的影像晦暗，低光部位的层次丧失，相反，曝光过度亮区溢出，高光部位层次会丧失。虽然我们介绍了拍雪雕曝光补偿的方法，但初学者往往掌握不好曝光补偿量，也把握不好是用正补偿还是负补偿，有一种比较保险的方法是采用包围曝光。

　　几乎所有的单反相机都有包围曝光的功能（AEB），可以从相机菜单上调出包曝光功能（AEB），手动设置曝光补偿量（补偿范围正负2级，每1/3级为一个调节单位），同时把驱动模式改为连拍，当你对焦完成，按下快门后，会连续拍摄出三张不同曝光的照片（如果用单拍模式，必须按三次快门按钮），从中可以选出一张理想的照片，曝光量拿不准时，把相机的包围曝光功能用上，或许对你拿不准曝光补偿量时提供一些帮助。

曝光补偿 +0.33

无曝光补偿

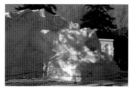

曝光补偿 -0.33

这是 1 张包围曝光补偿的示意图，拍摄前进入菜单，在曝光补偿 /AEB 项下，按 SET 键进入选项，转动前拨轮设定包围曝光，以 1/3 级为单位，分别设定出正常曝光、增加曝光和减少曝光 3 种曝光形式，拍出 3 张不同曝光的照片，可从中挑选 1 张自己认为曝光满意的照片。如果对曝光结果不满意，你可以在包围曝光给出的 ±4 级补偿区间，扩大选取补偿量，直至取得满意效果为止，我把它叫做优选法。

雪雕拍摄的困惑之三，照片偏色

拍摄雪雕作品除了因曝光不足发灰发暗外，常犯的一个错误是拍摄出的雪雕画面呈现土黄色或淡蓝色。如果拍出的照片出现这种偏色，一定是白平衡出了问题。白平衡是相机的色彩管理器，出厂时设置有许多固定的模式：

1. 自动模式 AWB
2. 钨丝灯模式
3. 白色荧光灯模式
4. 日光模式
5. 闪光灯模式
6. 阴天模式
7. 阴影模式
8. K 值调整模式
9. 自定义模式

这些白平衡模式不同品牌叫法略有不同，其中自动白平衡基本可以应对绝大多数拍摄环境，相机会根据环境色温自动平衡调节使影像的色彩还原正常，自动调节的色温范围大体在 3 000K—7 000K 之间。手动调节 K 值的范围可扩大到 2 500K—10 000K。

说到色温初学者有一个非常容易混淆的概念，从光学角度讲色温越高越偏冷，色温越低越偏暖。而相机的白平衡模式为了正确还原颜色，在高色温光线下会用等量的低色温来校正，在低色温光线下会用等量的高色温来校正（有点绕嘴），与环境色温是反向的！

不少初学者常常分不清两者的反向关系。只从光学角度上对色温的理解，去设定色温 K 值。其结果是越想偏冷画面越偏暖，越想偏暖画面越偏冷！你可借用光圈数值大小的反向关系来理解相机的 K 值调节，色温数值调的越高，画面颜色越暖。而光学定义下的色温是数值越高，画面颜色越冷。正确理解环境色温与白平衡调节色温之间的关系后，再分析一下照片为什么会偏色。

自动白平衡模式虽然可以应对绝大多数拍摄环境，但在非典型的色温环境仍会遇到白平衡不准的现象。这是因为自动白平衡模式与拍摄环境的色温值经过平衡后，没有达到设计的标准色温值的缘故。

低色温环境下偏黄

太阳光的色温大约在 5 200K，我们把这种色温称之为标准色温。数码相机的自动白平衡就是按照标准色温设计生产的。如果环境光线与色温条件相同，一定会拍出与自然色彩一致的照片。当环境色温偏低或偏高时，相机内设置的自动白平衡将对色温进行调节，如果与环境色温值经过平衡后，没有达到设计的标准色温值，照片颜色就会偏黄，或者偏蓝。

这张片子是在上午太阳升起不久时拍摄的，此时的环境色温比较低，在低色温光线下自动白平衡模式会用等量的高色温来校正，但所谓等量是相对的，自动白平衡模式如果没有正确判断低色温环境光线，给出的高色温校正量就不足，使其经过平衡后仍然低于标准色温值，造成偏红偏黄现象。利用这种结果拍摄朝阳和晚霞，会取得很好的画面渲染效果。但拍摄雪雕是为了表现它的洁白与纯洁，如果拍成黄色会有失观感。

高色温环境下偏蓝

光学意义上的高色温偏蓝，比如阴天、多云、凌晨、太阳落山后及日光阴影处的色温较高，相机的自动白平衡模式会用等量的低色温来平衡校正，经过平衡校正仍然低于标准色温值，照片就会偏蓝。通常较难把握

的是日光阴影下的色温，因为随着日照光线下的景物和阴影下的景物色温完全不同，自动白平衡模式无法正确判断即有日照光线，又有阴影光线的色温环境，因此，在这种复杂的色温环境下，除光照部分色彩还原正常外，阴影部分由于给出的低色温校正量不足，会导致阴影部分画面偏蓝，而受光面的景物色彩还原正常。

上图是在侧光条件下拍摄的一张图片，由于光线的原因，雪雕自身大部分处于阴影之中，在此条件下拍摄的结果，只有受光面部分颜色还原正常，呈现为白色，而大部分处于阴影下的雪雕主体呈现高色温的蓝色。

如果想要正确还原自然界的颜色，在色温环境比较极端时，就不能完全依赖自动白平衡模式，需要配合使用相机出厂时设置的场景白平衡模式和手动白平衡调节 K 值来纠正照片的偏色问题。

雪雕拍摄的困惑之四，如何主观偏色

人类对颜色的反应有一定的规律，不同的色彩可以传递不同的信息。一般的规律是：

红、黄、橙等温暖的色彩给人带来温暖和愉快的感觉，而蓝、青、紫色等冷静的色彩则会给人带来恬静、凝重的感觉。

　　自然界客观色彩的真实反映，固然可以转化为人们内心的感受，但为了表达自己的某种主观感受时，常常需要改变客观色彩的真实反映。人为制造画面色彩的主观基调，用主观色彩来左右人们视觉反应的影响力。

　　比如我们有时看到别人拍摄的雪雕照片，为了表现冬日寒冷的气氛，整个画面呈现冷峻的蓝色，而这并不是自然界客观的真实色彩，我们把这种人为制造的偏色叫做主观偏色。主观偏色是为了表达某种情感，其目的是将读者带入到主观创作的意境中去。此时并不希望白平衡对客观色彩真实的还原，反而需要改变白平衡的正确使用方式，让其以错误的方式进行错误的还原，拍摄出非自然界的主观颜色。

　　这张照片，在晴天日光条件下采用白色荧光灯模式拍摄，日光的色温是 5 200k，而白色荧光灯的色温是 4 000k，有高出的 1 200k 色温值不能被平衡，而高出的色温在光学意义上必定偏蓝色。因此拍摄结果使整个画面显得比较寒冷，表现了冬日寒冷的气氛，让画面更幽静，造就出非自然界的主观色彩。那一片幽蓝，包容了雪雕洁白的灵魂。使照片呈现出宁静、平和的感觉。

　　主观偏色要适当，如果用钨丝灯模式拍摄（其色温值为 3 200k），日光照射条件下，将有 2 000k 的色温值不能被平衡。更高不能被平衡的色温必定显得更蓝，看上去会极不自然也很恐怖。

推荐使用RAW拍摄

手动白平衡虽然可以解决照片偏色问题，不过每到一个不同的光照环境，就要重新定义一次白平衡，在冬季野外非常麻烦。而且一旦偏色后的 JPG 文件依赖后期调节白平衡偏差也比较困难，往往其中一种色彩调整到位了，另一种色彩却又偏色了。有一种行之有效的办法就是拍摄 RAW 格式的图片。

RAW格式的特点

采用 RAW 格式在实际拍摄时，不必费心考虑采用哪一种白平衡设定，只要在后期成像时重新选择白平衡，或改变色温设置，就可以方便地获得多种色调效果。尝试使用 RAW 图像格式，可以省去频烦的场景设置，不必担心场景变化造成的白平衡偏差。

RAW 格式图像是图像感应器将捕捉到的光源信号，转化为数字信号的原始数据。是一种未经处理、也未经压缩的格式，可以把 RAW 图像理解为"原始图像编码数据"或形象的称为"数字底片"。通过后期数字技术手段可任意对"数字底片"进行调整，进入一个神奇的变化世界。实际应用以后你会感到 RAW 的感觉非常好。不仅可以随意调整拍摄时的白平衡，而且除了焦点焦距，光圈快门和感光度不能设置调节外，其他数据可以像重新设置相机一样进行调节。

RAW 格式的图像处理，可使用各个厂家专门的处理软件，也可以第三方的处理软件，如 Light room 或者带有 Camera RAW 插件的 Photoshop 软件进行调节。我们以佳能厂家随机赠送的处理软件 Digital Photo Professional（简称 DPP）为例，介绍演示几种 RAW 格式图像的处理调整方式。

任意调节白平衡

用 DPP 软件打开一张 RAW 格式图片，然后在右边"白平衡调节"的下拉菜单中选择色温的设置。

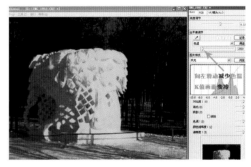

如图所示向左滑动滑块，降低色温 K 值，实时显示一张冷色调的照片。如果将色温值向左滑动到 3 200k 的位置，相当于拍摄时白平衡设置为钨丝灯的拍摄效果。如果将色温值向左滑动到 4 000k 的位置，相当于白平衡设置为白色荧光灯的拍摄效果。

将照片转换另存为 jpg 文件时，对文件名要加一个后缀（如 001-0），以区别原始文件，并不被另行处理的图片所覆盖。然后在原界面重新滑动色温滑块，获取另外一种色调效果的图片。

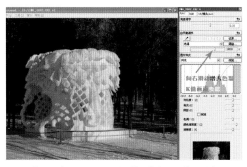

在原始界面，重新拖动色温的滑块，向右滑动提高色温 K 值，实时显示出一张暖色调的照片，如果将色温值向右滑动到 7 000K 的位置，相当于白平衡设置为阴影模式的拍摄效果。

将照片转换另存为 jpg 文件时，对文件名需要重新加一个后缀（如 001-1），以区别原始文件，并防止将前面处理的图片覆盖替换。回到原始界面后，重新滑动色温滑块，继续获取想要的色调效果。

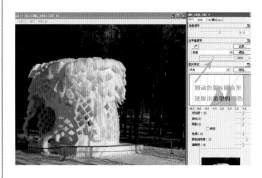

一张 RAW "数字底片" 可以调出任意张图片，拖动色温的滑块直至显示出一张你希望还原的色彩照片。将色温值滑动到 5 200K 的位置，相当于白平衡设置为日光模式的拍摄效果。由于设置的色温值与拍摄环境色温一

致，雪雕颜色得以客观真实地还原。

照片转换另存为 jpg 文件时，对文件名再重新加一个后缀（如 001-2），以防止将前面处理的图片覆盖替换。RAW 数字底片，无论进行了怎样的设置调节，原始数据都不会改变，任何时候都可以对图像进行重新处理。这与 jpg 文件有着本质上的区别，jpg 文件一但进行调整储存后，将无法回到原始状态。

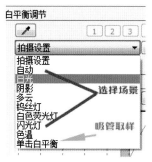

除用色温的方法调整白平衡外，你还可以选择各种场景下的白平衡模式制造画面颜色，如左图所示，点开白平衡调节的下拉菜单，可以显示出各种拍摄场景的白平衡设置，从中可以直接选择场景模式，改变获取希望的白平衡色彩效果。如果为了正确还原客观颜色，也可以用吸管取样的方式，点取画面纯白或 18 灰的位置使画面还原出客观的真实色彩。

快速改变照片风格

现场拍摄时，利用相机的照片风格可以控制画面整体的成像效果。大多数单反相机都提供了这种功能。根据不同的拍摄对象，采用不同的拍摄风格对表现画面效果会有很大的帮助。以佳能相机为例，提供有标准、人像、风光、中性、可靠设置和单色等多种照片风格，而且进入到二级菜单后，对锐度、色调、饱和度、反差等可以进行进一步的调整。

有一种谬传,说佳能柔,适合拍人像。尼康锐,适合拍风光。这只能说是两个品牌的原始设置,谬传者也许没有了解相机本身内在的设置是可以改变的,无论是佳能还是尼康,选择拍摄风格后进入到二级菜单,你想让它柔,还是锐,自行设置就是了!并不存在哪个品牌适合于拍什么题材,除非你只使用它们的原始设置。

用 jpg 格式拍摄直接出片时,采用不同的照片风格,对同一场景的拍摄结果差异非常明显,应根据拍摄对象的不同选择不同的照片风格。

针对不同拍摄对象适时切换照片风格,才能达到更好的拍摄结果。

但人们有时常忽略对照片风格的切换,更换场景和拍摄对象时很少去改变拍摄设置。比如外出采风,照片风格一般都会设置为风光,当你突然兴起改拍人像,因为即兴的因素,可能忽略对照片风格的调整,也可能不了解风光模式对人像拍摄有多大的影响,而不去理会照片风格的重新设置。用风光模式拍人像会过于锐利,颜色过于饱合,特别是近景和特写,看上去感觉很硬,感觉有点儿"发贼"。

照片风格的设置,仅对 jpg 格式拍摄起作用,如果使用 RAW 图像格式拍摄,可以忽略照片风格的设置,省去频繁改变照片风格的麻烦,不用考虑对应场景的设置,也不必担心场景变化造成拍摄效果的偏差,因为在 RAW 格式后期成像时,可以任意改变设置照片风格。

使用方法非常简单,用 DPP 软件打开 RAW 图像文件,然后在右边的"图片样式"中点下拉菜单,会出现相机设置中的标准、人像、风光、中性、可靠设置和单色等多种照片风格,选择相应的拍摄设置,画面就会有实时的改变,差异非常明显。

我们用一组实例来观察一下变化结果:

这张图片原始设置的照片风格为风光,拍摄到的儿童人像过于锐利,皮肤和衣服颜色过于浓烈,由于拍摄使用了 RAW 格式,后期成片时可以方便的改变照片风格,校正画面效果。

如图所示,轻点画面右侧的"图片样式",下拉菜单中会出现多种照片风格设置,点击选择为人像的拍摄设置后,画面人像立即变柔和了,人物皮肤和衣服也自动校准为适合的颜色。这种方便的照片风格改变,对中近景人物脸部的柔化改善效果更为明显。

RAW 格式图像所有照片风格设置都是可逆的,你用人像模式拍风光,得到图像锐利度会不够,颜色也不饱合,在这里可以轻松还原为风光模式,变成色彩鲜艳,细节锐利清晰的风光照片。由于改变照片风格画面是实时改变的,你可任意点击相机设置,观察画面的变化效果。

提高画面质量

使用 RAW 格式是提高画面质量的重要手段之一，后期图像处理软件为我们提供了先进的数字调节手段，可以解决前期拍摄没能解决的问题。如亮度调节、降低画面噪点、调控色彩、控制高光、填充暗部光线、改善清晰度等等。与在计算机里用 Photoshop 软件处理 jpeg 图像有些类似，但性质却完全不同。

用图像处理软件，是对已经过相机压缩处理的 JPEG 图像进行再处理，画质容易出现劣化。而通过 RAW 显像完成的调节，是对尚未进行压缩处理的图像进行处理，因此不易出现画质的劣化。即使对色彩和亮度进行大胆的调节，也不用担心画质降低，就像回到拍摄时对相机重新设置一样，有很自主的调节性。对 RAW 图像处理实际并不很难，要比人们想象中的困难简单很多，是一种相当方便的图像处理形式。

佳能的 DPP 处理软件还有一种独到的查看功能，利用查看功能可以获取最完整的拍摄数据，并能显示出你的对焦点在哪里。

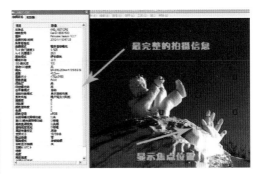

这对初学者来说非常有用，可以非常直观的帮助你分析所拍照片的成败得失，通过对拍摄失败或者拍摄满意的数据分析，并从焦点显示的检查中直观得出成败理由。除了相机本身，还没发现哪一种软件可以显示出拍摄的对焦点来，这对帮助提高初学者的拍摄水平有非常大的帮助。无论对检查测光成败，还是分析主体清晰与否，都是其他软件所不具备的分析功能。

在可能的情况下（储存卡容量要足够），特别是自己感到无法准确把握的环境下，建议采用 RAW 图像格式。

只要你开始介入了 RAW 后期处理的学习旅程，一定会尝到它的甜头。

雪雕拍摄方法实践

用光线营造立体感

光是摄影的灵魂，在摄影中起到非常关键的作用，很多情况下我们无法去改变自然光线，因此我们只有等待光线的变化，或者采用不同的角度合理地利用光线，注意观察什么光线角度下使雪雕充满生气，哪一种光线角度会把雪雕建筑拍得平淡乏味。初学者对光线角度和条件要培养良好的临场感觉。对拍摄结果有设想的预见。

比如用顺光拍摄雪雕，景物的受光面积大，被摄体光照均匀，色彩比较容易得到正确的还原。

但顺光拍摄看不到被摄体自身的反差投影，雪雕主体缺乏明暗对比，立体感较差。

　　想要表现出雪雕的立体感最好采用侧光方式拍摄，让景物一侧受光，另一侧则处在阴影之中，产生明显的阴暗面和投影，对雪雕立体形状的刻画有很好的表现作用。侧光拍摄的雪雕，主体是同一个被摄体，由于光线角度不同，侧光角度拍摄的立体感觉明显好于顺光。

　　操作密码：拍摄时，围绕被摄体选择不同的光线角度，用环形思维的方式观察被摄体受光面积和阴影部位的比例，把握好光线的投射方向，使画面产生合适的阴影比例，让雪雕主体有明显的明暗关系，对表现出被摄物体的清晰轮廓和反差层次，塑造画面的立体感，侧光无疑是一种较好的光线方式。

　　不同的光线可以拍摄出不同的感觉。雪景拍摄常常用逆光来渲染气氛，但拍雪景与拍雪雕不同，雪是平面的，可以承接任何方向的光线，而雪雕是立体的，正逆光方向的光线照射不到雪雕主体，会把雪雕拍成剪影，大面积阴影会破坏拍摄主体的质感美，如果只有逆光方向适合表现拍摄主体，也要尽量避免正逆光，适当移动位置改为侧逆光方向，可将阴影覆盖比例减小。如果有机顶灯，用闪光灯进行补光可以消除阴影，使主体曝光尽量准确。

质感表现靠光线

　　质感是漂亮的前提，留心光线变化，注意光的强度和方向，是拍出雪雕象牙般质感美的重要条件，在适合的光线角度，选择恰当的背景，也是凸显雪雕洁白与细腻质感不可忽视的条件。

　　如下图在侧顺光角度，以树林的暗背景与白色雪雕产生对比，突出表现了雪雕的质感美和空间纵深感。

　　操作密码：我们无法改变自然光线，当选择的被摄体拍摄角度光线不适合时，只有耐心等待光线的变化，耐心是拍出理想作品必须培养的心理素质。等到光线角度合适后，根据取景范围选择景深，希望表现的画面内容较多，适合以小光圈拍摄，使近中远景全部纳入清晰的范围。同时要注意背景的选择，白色主体用暗背景可以加强对比，起到强化主体的表现作用。

　　拍摄数据：CanonEOS 5D Ⅱ　24—70mm 镜头　P 档　评价测光　F14　1/1 000秒 ISO400　白平衡 自动

低角度拍摄躲开多余的语言

让一幅照片的注意力引向被摄主体，使欣赏者不被太多的元素所干扰，是拍摄时必须注意的一个原则。使主体突出的方法很多，其中简洁画面，去掉与主题无关的语言，把没有关联的景物全部排斥在画面之外，画面上什么都不要只留主体，是常用的方法之一。

选择一个雪雕拍摄主体后，现场可能会有一些干扰画面的元素，如垃圾桶、地角灯、残雪堆、穿行的游客及杂乱的背景等。用长焦虽然可以将地面多余的语言摒弃到画面之外，但可能把要表现的主体拍不完整，要避开地面杂物或杂乱背景，可用低角度的拍摄方法，寻找较低的视点，拍摄时蹲下身体，躲开地面上的杂物和游人，达到净化画面的目的。如下图，拍摄时蹲低姿势，躲开地面上不必要的语言，以蓝色天空当背景衬托洁白细腻的雪雕，达到净化画面的目的。

操作密码：不同的拍摄角度，画面包含的信息量不同，拍摄冰雪题材现场可能存在一些干扰主题的杂物，而雪雕主体往往是大面积的单色，大面积的白如果纳入反差强烈的杂物，如地角灯和穿行的游人等会显得很实兀，分散对主体的关注力。此时，可降低机位低角度避开地面上的杂物，仰拍选择蓝色天空做背景，把多余的语言全部排斥在画面之外，利用单一背景的蓝天来简洁画面，与雪雕的白色形成反差，凸显画面的感染力。

拍摄数据：CanonEOS 5D Mark Ⅱ　24—70mm 镜头　P 档　评价测光 F14　1/800 秒 ISO400 白平衡 自动

利用色彩对比

雪雕的魅力在于它的洁白，但大面积白色拍成的画面显得单调，利用色彩对比，打破画面的呆板，是突出表现雪雕主体常用的一种方法。选择有明显对比色彩的物体入镜，可以让视线有一个停留点，达到关注审视画面的作用。选择的关键是简洁，对比的颜色不能过多，否则会削弱对雪雕主体的关注力，主题表现会被弱化。下图雪雕画面是大面积的单色，如果没有身着鲜艳服装的人物对比，就显得很单调，视线也停留不住。

操作密码：寻找安排对比色要注意比例，对比色如果面积上与雪雕相近，会互相排斥，分不清主次。做为陪体的对比色面积要小，使之与雪雕主体在面积上拉开一定距离，让一方处于主导地位，另一方处于陪衬的地位。画面中人物的比例很小，但服装颜色鲜艳，在大面积的单色画面中，很小的关键色也可以形成色彩的重音。产生的画面效果既对比强烈，又趋向调和，整体的视觉感受显得生动又充满故事性。

拍摄数据：CanonEOS 5D Mark Ⅱ 24—70mm 镜头 P 档 评价测光 F14 1/1 250 秒 ISO400 白平衡 自动

雪博会内有些雪雕是有颜色搭配的，注意寻找颜色对比可突出表现雪雕的纯净与洁白。红色和黄色是拍雪雕非常好的对比色，尤其红色，是非常夺目活泼的颜色，在自然界中最容易引起人们的注意，红白两色形成的色差，很容易让白色主体跳出来。下图雪娃自身的红白对比，装扮出欢乐喜庆的气氛，非常鲜艳夺目。一般来说色差越大，主体表现越鲜明。对主题表达也越有利。

操作密码：拍摄时主体不要居中，采用评价测光，焦点对在雪娃主体身上后，半按快门同时锁定曝光与焦点，平移画面，把主体安排在较边缘的地方，让画面留下充足的空间，会给人留下更深刻的印象，红白两色形成的色差显现出雪雕的洁白与纯净，与整齐映射的倒影遥相呼应，丰富平衡了画面。

拍摄数据：CanonEOS 50D 18-200mm 镜头 P 档 评价测光 F10 1/60 秒 ISO 100 白平衡 自动

加法还是减法？

摄影与绘画同为视觉表现艺术，两者最大的区别，一个是加法艺术，一个是减法艺术。

绘画把提取到的素材添加到画面，是加法艺术，摄影把无意义的素材从画面上摒弃出去，是减法艺术。一幅摄影作品出现在画面上的都是语言，将视觉上干扰的语言摒弃到画面之外的过程，实际上是利用摄影手段对画面取舍的过程。特别是突出表现某个主体的时候，会大刀阔斧的裁减画面，只留需要表现的主体，其他元素一律排斥在画面之外。

拍特写是一种典型的做法，因为特写几乎没有任何与主题无关的语言。主体占据了大部分画面，画面上除了强调表现的主体外，几乎什么也没有，人们的视线只能停留在强化表现的主体上，使画面产生较强的视觉冲击力。

这种方法也可用于拍摄雪雕的精彩局部上，让表现的对象占据画面较大的面积，使表现的内容突出醒目，产生强烈的视觉冲击，从而抓住观者视线，达到延长视线停留的目的。只有观赏者在你照片上视线停留的时间较长，信息才能有效沟通。如果你的照片不能引起别人的注意，其他一切情感的表达都是毫无意义的。

表现局部，突出主体和细节，有两种方法可以选择：在镜头里对画面裁剪，和后期用软件对画面裁剪，我把它简称为镜头裁剪和后期裁剪。长焦比广角容易实现镜头的裁剪。用变焦镜头可充分利用其光学变焦的优势，在较远的距离将主体拉近镜头，轻松构图，裁剪出精彩的局部，得到需要的画面。

镜头裁剪

雪雕是静态的拍摄对象，有很多时间可以来观察构图。向前走几步，向后走几步，变化一下镜头的焦距，比较取景器中看到的景物有什么不同，获取不同的拍摄感觉。

左面这张图片物距较远，取景范围较大，无法避免穿行的游人和突兀的照明灯具，成为干扰画面的多余语言，右面这张用长焦端将主体拉近，在镜头里裁剪取舍重新构图，将干扰语言排斥在画面之外，只选取其中精彩的局部拍摄，不但清洁净化了画面，而且突出强化了主体，使表现的主体更加醒目，更加容易吸引观者的视线。

用广角镜头则只能用靠近被摄体的方法取舍画面，这张照片也是截取雪雕景观的一个局部，不过是用广角靠近被摄体拍摄的，用竖幅构图低角度仰拍，把巨龙昂首的精神从全景中抽取出来。由于充分利用了广角夸张的特点，强化表现出透视效果，夸大了主体，使画面非常有震撼力，给人一个难忘的印象。广角夸张的拍摄要领可以一句话概括那就是：近点、近点、再近点！

后期裁剪

裁剪是改善画面结构，增强画面感染力不可缺少的后期加工手段。简明扼要没有多余的内容，是构图完整严谨的表现。可是在拍摄现场，有些东西避免不了会出现在画面里，构图的不严谨还可能让主体没有占据画面重要的位置。

原始图片

裁剪后图片

后期剪裁等于对画面进行二次创作，既是弥补减少遗憾的方法，也是新意图的开始。原始画面主体位置居中，雪雕主体左右空间对等，显得很呆板。进入后期剪裁后，将普希金塑像放在三分法的垂直线上，其效果就显得既不呆板，又很突出。裁剪掉塑像背后无用的语言后，

前方留有更多的空间，让普希金塑像的视线得以延伸，唤起读者的共鸣，随之视线产生更多的想象余地。

不能忽视比例对比

见到巨型雪雕，会被那高大壮观的气势所震撼，常常不加考虑一阵狂拍，不过回家在电脑上却往往看不出现场的感觉，尤其对没有亲临过现场的读者，可能对你拍摄的所谓"巨型物体"反应十分平淡。

为什么现场看到的景象和用镜头反映的景象不同呢？这是因为人眼与相机的观察方式不同，相机只记录镜头视野之内的物体，而人的眼球却可以扫描比较镜头视野之外的物体，通过视线的扫描对比，反射到大脑，产生物体或者高大或者渺小的印象，而镜头没有思维，如果镜头视野内反映的景象缺乏参照比例，拍出的照片就无法判断景物实际的大小。

比如 2012 年太阳湖上那座巨型的主题雪雕长 126 米，高 27 米，高大磅礴本来是它最大的特点，人们会为此而拍照。不过上图拍摄的画面没有比例对比，没有什么东西可以表明雪雕

的巨大尺寸，对没有去过现场的陌生读者来说，无法联想出它的雄伟气势，把它看成一个微缩景观也不无道理。

没有比例参照的图片，往往会造成视觉上的错误，我们分辨不出它们是大还是小，相机镜头视野内的物体如果缺乏比例对比，高大的物体似乎很矮小，而矮小的物体也可能显得很高大。上图是一个几厘米大小的玻璃工艺品，用镜头反映成画面后，因为没有比例对比，可能会产生是一座高大冰雕的错觉，这就是人眼和相机观察方式不同的缘故。

这么拍是不是感觉画面都少了点什么？

你不能简单地把相机对准一个有趣的目标，就按下快门，应充分考虑比例对比才能表现它的宏伟高大，或是表现它的精致渺小。上面这两张图片都是因为缺少参照比例，而削弱了对画面的感知力。比例可以寻找，

也可以设计，设计安排一个人物进入画面，就会将雪雕建筑的高大雄伟凸显出来。

如何营造创作的味道

营造出照片的创作味道，并不像记录这么简单，拍摄水平的提高是一个较长的过程，不要指望读了几本摄影的书，有了一台不错的单反相机，就可以一夜之间变成一名摄影师。大量的实践积累是不可跨越的过程，多模仿、多看些成熟摄影人的作品，了解他人是如何运用摄影手段和方法，来达到拍摄目的与效果的，优秀的摄影作品可以影响你的鉴赏能力，审美水平的提高对帮助摄影创作有着重要的潜在作用。

为大家提供一组优秀的雪雕摄影作品图片，如果能从中得到借鉴与启发，接下来就是你自己的实践与模仿创造了，不要害怕失败，不要害怕别人的批评。只要敢于思考，敢于实践，就已经向创作靠近了。

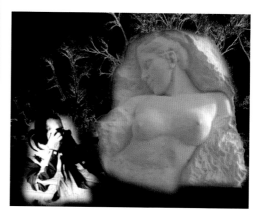

后期用"拼贴"的方法，进行创作

用长焦镜头选取雪雕局部拍摄

后期用"变色"的方法，进行创作

后期用"镜像"的方法，进行创作

用特写的方法选取雪雕的精彩部分拍摄

用纪实的方法去记录现场

在"照片风格"里把"反差"和"饱和度"调整到最大拍摄的效果

第九章

感受民俗，拍中国雪乡

　　游人和摄影爱好者奔赴雪乡，拍摄、体验、寻找冰雪的魅力，已经成为时尚的一部分。什么时间去？怎么去？吃住怎样？拍什么？有什么技巧？在这一章里都讲解得明明白白。

《雪乡的地标》

中国雪乡拍摄攻略

黑龙江省牡丹江市周边的林海雪原深处，有一个本来名不见经传的林场——双峰林场。这是一个神奇的小盆地，由于山高林密，西北面受贝加尔湖袭来的冷空气和东南方向涌来的日本海暖流的影响，每年11月份就风雪涌山开始降雪，直至次年5月才开始消融，积雪厚度可达2米。

原本这里居住的百十户人家大部分是大海林林业局的伐木工人。在实行封山育林保护工程后，林场内的人们便改行搞起了冰雪旅游。

这里的雪质好、粘度高，皑皑白雪在风力的作用下，随物具形，千姿百态形成了一个冰雕玉琢的童话世界。随着不断有摄影人来此创作并向世人传播，不时见诸于各种报刊杂志。摄影作品也频频获奖，并被《中国国家地理》评为中国十二月份最美的地方。随后双峰林场渐渐出名了，并有了一个浪漫霸气的名号——"中国雪乡"。

从此每年都有更多的游人和摄影爱好者奔赴雪乡，体验和寻找冰雪的魅力。

由于它"火"了，商业味也越来越浓了，已经少了许多纯朴和原始味道。

一家一户的农家院用尽各种手段来保持旧有的模样，试图用接近原始的风貌吸引城里的游客。

其实雪乡的人文痕迹只体现在商业气息较浓的那条小街上，雪乡独特地理位置形成的自然景观，其他地方是不可以比拟的。要拍摄冰雪的韵味，体会"千里冰封，万里雪飘"的意境，最好的去处仍然是雪乡。

时间选择

雪乡每年 11 月份开始降雪至次年 5 月才开始融化，但 12 月份以前并不是一个拍摄的好时间，那时的积雪还不够厚，拍不出磅礴的气势。最佳的拍摄时间是 12 月至来年 3 月之间。

12 月初去的好处是人少，新下的雪少有游人踩踏，进入 12 月份以后雪乡便开始开门迎客了，各家各户的门前都会高高挂起一串串的红灯笼，在洁白如玉的白雪映衬下下显得通红透亮，给人以喜庆欢乐的气氛。淳朴浓厚的关东情显得很温馨，有过年一样的味道。

春节期间是雪乡的旅游高峰，最好避开春节假期，雪乡很小，高峰旅游期间接待能力不强，节假日期间常常人满为患，吃住都成问题，价格也很贵，搞摄影创作千万不要在那个时间去凑热闹。

据当地人介绍 3 月份雪是最厚的，游人也少，而且天气也不是特别冷，非常适合摄影创作。过了春节假期 3 月初出行，应该是外拍雪乡最值得推荐的时间。

地域特点与装备

前面章节提示过的冬季外出拍摄装备，基本可以满足去雪乡采风的配备要求。根据雪乡的地域特点，有几点特别提示，供出行参考。

雪乡白天有阳光时温度不会太低，大约在 -18 度至 -25 度之间。不刮风时不会感觉太冷。但雪乡夜长昼短，早晨 7 点多钟太阳才刚刚升起，下午不到 4 点太阳就落山了。日落以后的雪乡感觉非常冷，夜晚出去拍摄温馨的雪乡之夜时一定要把自己包裹严实些。

鞋子的选择

到雪乡拍雪景，上山爬坡很滑很难走，鞋的防滑性和保暖性一定要尽量好。不能穿皮鞋，如果不差钱专业的登山鞋或雪地鞋最好。

经济适用的雪套

如果你不想过于亲近雪，可以不必准备雪套，沿着别人走过的路，有雪也都是被踩实了的，不会灌到鞋里去。但到了雪乡，很多人

都愿意去亲近雪，都想在茫茫白雪中留下自己的脚印。那没被人踩过的浮雪谁也不知道它的深浅，一不小心就会没过膝盖，鞋里进了雪如果化掉就糟糕了，冰天雪地里极容易冻伤，万一鞋里灌进了积雪一定要脱鞋把雪磕净。避免融化后冻伤脚趾。为预防不测，准备一副雪套还是必要的，可以保证你的鞋里面进不去雪。雪套在户外用品商店和网上都有卖的，这东西使用率很低，用不着买太贵的，有挡雪功能就行。样式很简单，有可能还可以自己动手 DIY 缝制一个。上图是我太太动手缝制的雪套，感觉比专业商店卖的还方便实用。

上山拍雪景要尽量跟着别人的脚印走，不要离开前人踩过的路，没被人踩过的浮雪难以判断它的深浅，如不老实跟着走，十有八九会

一下子踏空吓出一身冷汗，你还得退回原路。弄不好踩入沟里，雪到了腰部，脚还没踩到硬地呢。外出拍摄安全第一。

交通情况

从任何地点都可方便抵达中转城市哈尔滨，但哈尔滨没有直达雪乡的车，需要坐长途客车在到长汀镇倒车前往雪乡，长汀林业客运站到雪乡的车每天两班，早晨 6：30 和下午 13：30 发车，单程车票 14 元，行程大约 3 小时。在长汀镇包车去雪乡，一辆 7 座的面包车价格是 180 元。折算下来比长途车票贵不了多少，而且可以随时出发。

有一个建议是在哈尔滨参加旅游团，冬季旅游期间天天都有散客拼团，这要比从哈尔滨

包车便宜很多，也省去寻找吃住的麻烦，避开旅游高峰期三天两夜的费用不到 400 元，即经济又省心。到雪乡的旅游内容单一，地方又小。你可以自由活动去进行拍摄创作，基本不受团队游的约束。但吃住的品质都很差，一定要有思想准备。要保证吃住行的品质，只能从网上预约好标准，自行前往。

做为外省人你也可以选择牡丹江为中转地，牡丹江有直达雪乡的线车，每天下午 14：00 发车晚 19：10 到雪乡，全程 185 公里车票 28 元。

自驾车指南

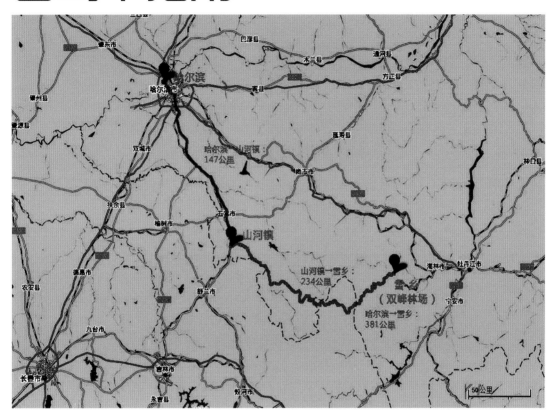

自驾路线从哈尔滨出发有两条路线可以选择：

1. 哈尔滨——阿城——亚布力——牡丹江——长汀镇——雪乡

2. 哈尔滨——拉林——五常——沙河子——东方红——雪乡

我觉得第二条路线的整体路况更好一些（第一条路线过了牡丹江就不太好走了）重点介绍第二条路线：哈尔滨——拉林——五常——山河屯——向阳——沙河子——奋斗——东方红——雪乡

出城走哈五路，奔五常方向出城口有公里指示牌：五常96公里。

49公里处拉林收费站，收费15元。

94公里处进入五常市区，直行出五常市区。

125公里处山河道口左转，进入山河屯，过山河检查院右转。

135公里处山河收费站，收费12元。

148公里处进入向阳，在鑫龙商场左转，

有去"凤凰山和磨盘山漂流的标志"。

166 公里处岔路口，左转走"沙河镇"方向（右行为"沙河子"方向）。

179 公里处过桥出现岔路口左转，往奋斗林场方向。

218 公里处出现岔路口，直行往雪乡方向（右转为凤凰山方向，距凤凰山 12 公里）。

244 公里处雪乡国家森林公园入口。门票 60 元 / 人， 车10 元 / 台。

266 公里处，到达雪乡。

2012年拍摄的雪乡入口图片

食宿情况

自从林场伐木工人改行搞起了冰雪旅游后。家家户户都办起了家庭旅馆，旅馆的名字都是用房东的姓名来命名的，条件虽然简陋，但还算干净整洁，多数为 4-6 人一间的火炕通铺，有室内卫生间。少数人家还可以提供洗澡。淡季价格是 60-80 元 / 天（包括一日三餐）单纯住宿 15-25 元 / 天。淡季期间多考察几家比较条件和价格，只要没有团体预约，每家都会热情的招揽散客。找当地人家比较实在，不少在雪乡租房子搞旅游的人家都很黑，会变着法的宰你没商量。

旅游淡季可讨价还价，春节旅游旺季住宿价格会翻倍，200 元一天也找不到房，必须要提前预定，否则根本没地方住。团体包餐可以吃饱，但质量都非常差。如果自由行前住雪乡想吃的好一点，可以和房东商量定餐，吃点像样的饭菜。杀猪菜、小鸡炖蘑菇、猪肉炖粉条和地三鲜这些具有代表性的东北菜比城里人做得地道。乡下菜码很大，点餐数量要节制。

家庭旅馆实拍图

火炕通铺实拍图

雪乡拍摄题材

　　走进雪乡，凡俗便离我们而去，每一个到过雪乡的人都会陶醉在冰清玉洁的童话世界之中。放眼望去，万籁俱寂的大地仿佛披上了一层厚厚的棉絮，在远离城市喧杂的吵闹中做着香甜的梦。从旷野薄雾与村落炊烟融合的迷离，到千姿百态随物具形的雪塑，从浓浓的关东情到温馨的雪乡夜，都是雪乡丰富多彩的拍摄题材。

题材之一　山坳里的光影

　　雪乡四面环山，地处在一个小盆地里，拍不到日出。拍日出要爬到羊草山顶，山路很难爬，要一个半小时，一般人承受不起，不建议在冰天雪地里爬一个半小时山去拍日出。如果你一定要拍日出只能坐当地的交通工具或是山地摩托，费用是 200 元 / 人。

　　太阳爬上山坳里的雪乡时，光线已经很明亮了，但阳光照射的角度却很低，低角度的光线可以使景物产生很长的投影，有夸大作用。我们可以不去拍雪乡的日出，却不可放过低光角度光线的拍摄机会。

　　运用低角度侧逆光的造型手段，把木栅栏的投影映射在白色的雪地上，由于光线的入射角低，产生的投影效果被拉长夸大，产生浓厚的乡间气氛和艺术效果，使画面很有感染力。

　　用光影塑造画面效果，是山坳里雪乡相当引人入胜的摄影题材之一。

题材之二　飘袅的炊烟

雪乡太阳升起得晚，7 点之前整个雪乡还处于睡眼朦胧之中，8 点左右才被染上一层金黄色，渐渐地从睡梦中苏醒过来。此时正是拍雪乡袅袅炊烟的好时机。金黄色的太阳缓缓升起，缕缕炊烟伴着晨光，飘逸在村庄的上空，与山林相织，白雪相映，似云似朵的烟雾，把群山天空当成画板尽情地涂抹。构成一幅绝妙的雪乡山水画。

"又见炊烟升起，暮色照大地，想问阵阵炊烟，你要去哪里？"在拍摄这张照片时，我心中就在响起邓丽君的这首老歌。经久传唱的民谣，像是为雪乡炊烟注入了田园诗般的韵脚，把天空变成舞台，山风当成节奏，尽情地跳跃飞舞，带着尘世的温暖，袅袅飘浮，化入四方……

题材之三　随物具形的雪韵

雪乡的雪黏性较强，落地时随着附着的物体而独具成形，有的像蛋糕，有的像蘑菇，随物具形千姿百态，大自然的鬼斧神工，创造出你可以想象的所有生灵，它们或如奔马、或如卧兔、栩栩如生令人叹为观止，恍若置身于美丽的童话世界。会吸引你从各个角度去按下快门。

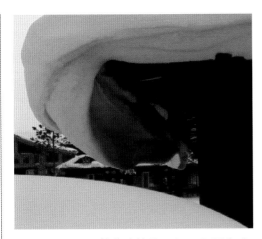

这是雪乡必拍的独特景观之一"雪帘"。冬季的雪乡家家户户房顶上都有突出的雪檐，厚厚的，绵绵的，伸出房檐半米多还低悬落不下来，形态各异的雪帘是雪乡一个典型的拍摄景观。

不少农家小院为了吸引游客，入冬之前会在自家小院会钉制一些木制模型，来承接一层层堆积的白雪，最典型的就是竖立一根木桩上面钉一面圆型木板，每降一场雪，积雪就厚上一层，由于雪乡的雪黏性强，几场雪下来就随物具形成为一个巨大的雪蘑菇，

不过被隔绝在雪乡人家的栅栏里，想接近拍摄需要付费，其实大自然鬼斧神工的天赐景观在雪乡随处可见，不用付费拍摄的景观更自然更少人工打造的痕迹。

鬼斧神工的雪形是雪乡必拍的题材。

题材之四　大红灯笼高高挂

受商业化的影响如今无论年节，只要进入冬季家家户户都会挂红灯笼，门栏上还会挂起一串串金黄色的玉米棒，在皑皑白雪的映衬下，红灯笼显得通红透亮，颗粒饱满的玉米棒金灿灿的分外耀眼，红黄白三色相衬非常好看，特别出片，几乎成了来雪乡必拍的标志。

题材之五　温馨雪乡夜

　　雪乡的夜晚来得特别早，刚过下午四点天就黑了。入夜后的雪乡各家各户都点亮了红灯笼，将白天纯净的雪地映上了温暖的红色，在雪色的映照下泛射出微微的暖意。一冷一暖的强烈对比，非常有助于烘托环境气氛。

　　雪乡的夜晚气温很低，经常达到零下三十几度，大多数游客都躲在房间避寒不敢出来领教刺骨的寒气。与白天热闹喧嚣的场面相比冷清了许多，少有人迹的雪乡夜晚呈现出一份静谧的美。

　　冬雪、黑夜、木屋在温暖灯光的映射中有些浪漫，又有些诡异。说其诡异是因为看似幽暗的雪却在反射着媚眼的光，好像在蛊惑着摄影人赶快扛起三角架来拍摄她冷艳的美丽。零下30多度的严寒，拍出来的感觉却是暖暖的。如梦似幻的雪乡夜景是摄影人屡屡获奖的题材之一。

题材之六　年味可以设计

　　你还可以自导自演，相约三五好友买上几束窜天猴和礼花，分工合作把北方民俗的年味拍出来。拍摄者去后山相对高点的地方支好三角架，设置好相机找好角度，与留在村里指定地方的另一伙人联系燃放礼花。夜空中礼花绽时，像一朵朵璀璨的花朵开在深山的夜幕上，映亮雪色大地。把雪乡的夜染成五光十色、姹紫嫣红。把握好时机把设计好的精彩瞬间拍下来，既娱乐又出片。

正确曝光是拍好作品的前提

拍摄雪景曝光过点好还是欠点好，主张不一致，争论也很多，使初学者产生不少疑惑。主张减少曝光量的认为：白雪的反光很强，相机测光系统测得的曝光值受雪面反光的影响而增高，所以应减去虚高假象曝光才会准确。

主张增加曝光量的认为：数码相机中的测光系统在设计时被设定要还原出 18% 的灰，拍摄雪景时由于测光系统要努力使白雪还原出 18% 的灰，TTL测光系统面对白色物体无法获得正确曝光值，而产生曝光不足，致使晶莹亮丽的白雪呈现为暗灰色。

究竟哪一种主张对？其实需要和具体的场景和光线结合考虑，不能一概而论。顺光和逆光、弱光和强光需要区别对待。白色物体在画面中占据的比例也是重要考虑的因素。

正确测光和正确曝光是拍摄雪景照片成败的关键。为避免曝光偏差情况发生，按下快门前不妨先观察好拍摄对象，若拍摄对象白色面积超过画面1/2以上时，按曝光指示加大0.5 - 1.0 EV值一般可得到理想效果，若无绝对把握時建议使用RAW格式拍摄。RAW图像是未经处理也未经压缩的格式，对尚未进行压缩处理的图像进行处理，不易出现画质劣化。对亮度和色彩进行大胆地调节，也不用担心画质降低，在后期成片时可为自己留下很大的亮度调整余地。

使用RAW格式拍摄

　　使用 RAW 格式拍摄的弹性比较大，即使曝光过度或曝光不足的照片也可透过软件进行调整。这和使用 Photoshop 软件处理压缩后的 JPG 图像效果完全不同，RAW 图像没经过影像处理器压缩处理，纪录保存了未经压缩的全部拍摄细节。我们可以针对每一个细节任意调节，而不必担心对画质的影响。这个过程相当于对相机重新设置一样来改变拍摄效果。

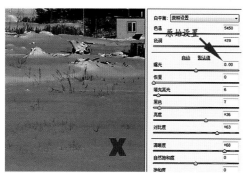

　　以 RAW 格式拍摄雪景时由于曝光不足，造成画面晦暗。佳能用户用购买相机时赠送的 DPP 处理软件对曝光量重新设置调整，将曝光亮度提高 1 档后，会得到希望的画面亮度。晦暗的雪地调整为洁白晶莹的效果。细节层次没有受到任何损失。有些相机不会免费赠送 RAW 图像的处理软件，你可以上网下载一个专门处理 RAW 图像的软件 Light room，或者装有 Camera Raw 插件的 Photoshop。这两种软件也可以对 RAW 格式图片进行曝光重新设置。同样可以得到调整后的画面效果。

　　如果对曝量没有把握时，使用 RAW 格式拍摄是比较保险省心的一种方法，缺点是文件比较大，需要较大的存储卡，另外使用软件后期处理起来需要较长时间。有许多摄影爱好者对 RAW 的处理有一种莫名的畏惧感，外出一趟采风往往几百张照片，都用 RAW 格式拍摄，后期处理起来太费事，也太浪费时间。

　　现在大多数单反相机支持 RAW+JPG 拍摄，采用 RAW+JPG 格式拍摄可以同时储存 2 种档案格式，这可以让我们只针对不满意的照片开启软件调整处理，满意的照片直接按 JPG 格式出片。这样会省去每张照片后期处理转换的时间。当然，这种方法需要更大的存储容量。

包围曝光与HDR

　　相机的测光曝光系统按 18% 灰为基准设计。大多数场合下我们周围的色彩和光线亮度大都处于 18% 反射率的状态下，基本上都可以获得较为准确的曝光。但在物体反射率比较复杂的场合，常常无法真实还原自然界的真实场景。会给正确曝光带来一定的难度，需通过"曝光补偿"的方法真实还原应有的影调和亮度。至于正补偿还是负补偿，虽然有白加黑减的指导原则，但初学者在较为复杂的拍摄环境仍然拿捏不好。当拿不准曝光正补偿还是负补偿时，建议使用包围曝光的方式同时获取正负补偿的照片，从中去做选择。

　　包围曝光实际上是曝光补偿的扩展模式，可以一次拍摄 3 张不同曝光的照片，给出尽可能多的选择结果。使用包围曝光方法的优点是拍完之后可在相机的 LCD 屏幕上回放，快速比较 3 张不同的拍摄效果，直接删除曝光不满意的相片，保留曝光满意的照片，免去后期处理的麻烦。

　　此外包围曝光还可以合成 HDR 效果，用以解决超出相机宽容范围的正确曝光问题。现在的数码相机感光能力都是有限的，超过高光区域所能承受的感光范围，高光细节层次将会丢失，超过低光区域所能承受的感光范围，暗部细节层次将会丢失。在大光比的拍摄场合要同时兼顾亮区层次和暗区层次非常困难，HDR 的出现解决了这个问题。它的工作原理其实就是包围曝光，通过在同一场景拍摄出的不同曝光值的照片，用软件将它们叠加合成到 1 张照片上。

　　在包围曝光得到的 3 张照片中，超出高光宽容范围的照片，经过负补偿保留亮区层次，超出暗区宽容范围的照片，经过正补偿提升了暗区层次，在相机宽容范围之内的照片则保留了中间调（18 灰）的细节层次，3 张照片叠加到一起，得到亮区层次和暗区层次都有表现的合成照片。

　　现在有越来越多的人开始研究使用 HDR，变得很热门，使用方法非常简单，把包围曝光获得的"欠曝、正常、过曝"3 张不同曝光程度的照片导入到 HDR 软件，自动合成渲染后轻松得到亮部暗部都清晰的画面。HDR 已经形成一种流派，倾向于色彩十分饱和、艳丽，十分夸张的渲染，很受年轻人的喜爱。

　　上边这张为使用 HDR 软件自动合成后的图片，下边 3 张分别为"过曝、正常、欠曝"的原始图片。

　　在第一张天空过曝的照片中根本看不到云彩的细节，在第三张欠曝的照片中虽然可以清晰地看到每一朵云彩，但暗区层次丢失。中间那张照片经过评价测光调和后，亮区暗区都有呈现，但调和后看上去很单薄，云层没有立体感，使用 HDR 软件映射渲染后的图片既保留了云层的亮部细节，又显现出暗区的细节层次。立体感很强，画面显得非常透彻。

什么是HDR？

　　HDR 的全称是 High Dynamic Range 中文译名：高动态范围。

　　动态范围是指一个场景的最亮和最暗部分之间的相对比值。是相机记录光线变化宽容度的范围。为什么在上面举例的过曝照片中看不到云彩的细节，而在现场我们却可以清晰地看到每一朵云彩。这是因为目前的相机无法在一次曝光中记录如此宽的光线变化范围。换句话说超出了相机一次曝光能够记录光线变化的动态范围。HDR（高动态范围）照片是使用多张不同曝光的照片，然后再用软件将其叠加合成1张照片。用软件的方式扩大照片呈现的动态范围。HDR照片的优势是最终你可以得到1张无论在阴影部分，还是高光部分都有细节的图片，而在正常的拍摄中，你只能选择两者之一。

HDR照片用三句话来概括：

1.亮的地方可以非常亮，

2.暗的地方可以非常暗，

3.亮暗部的细节都很明显。

HDR照片拍照的要点

1. 拍摄场合反差别大时最少有3张不同曝光程度的相片；

2. 曝光补偿范围建议至少在 -1EV ~ +1EV 之间，不能太少否则高动态范围效果不明显；

3. 使用包围曝光(AEB)功能连拍；

4. 当你仅为还原合成亮部暗部层次时同一点对焦是必须的；

5. 当你为合成一张全景深，使所有被摄景物在画面上都非常清晰地展现时，则不要使用同一对焦点，而应使用手动对焦点，在画面上分别选择近中远3处焦点拍摄，最终用HDR软件合成出1张全景深震撼清晰的画面。当然必须使用一个坚固的三脚架，否则图象会出现重影。

用什么软件来进行HDR照片合成？

现在网上流行的 HDR 软件很多，文件都不大。介绍几种常用的 HDR 软件供大家参考：

1. R Darkroom。国产专业 HDR 软件，特色在于具备"局域色调平衡器"以及批处理和RAW照片处理能力。

2. Artizen HDR。该软件功能丰富，除HDR合成照片外，还可进行常规调整，具有多种预设效果和手动细节调整功能。

3. HDR Photo Pro。简便、快速的 HDR 处理软件，还可用于 RAW 图像处理，有3种预设效果，并可进行细致的色调调整，有去除暗角和紫边的功能。

4. Photomatix 是一款数字照片处理软件，它能把多个不同曝光的照片混合成1张照片，并保持高光和阴影区的细节。打开在同一场景拍摄的不同曝光度的照片，选择一种曝光混合方法。Photomatix Pro 能让你在6种联合模式中选择，并将它们合并成一张高光和阴影都呈现细节的照片。

5. Photoshop 较高版本软件中可能安装有HDR 插件，也可以用于 HDR 效果合成，但处理效果不如上述单独的 HDR 专业软件。

后期软件前期化，是数码相机发展的趋势。刚上市不久的5D3新增加了 HDR 拍摄模式。可以将曝光不足、标准曝光、曝光过度的3张图像直接在相机内合成，不仅给创作带来方便，减少了后期处理时间，而且提高了拍摄乐趣，激发了人们创作的欲望。

光线选择合适才能达到目的

雪乡题材离不开雪，雪景的表现应该着重用光线来描写出雪的细腻感与立体感，因此对光源的运用十分重要。光线在拍摄中起到非常关键的作用，不同的光线会显现出完全不同的拍摄效果。选择什么样的光线拍摄雪景是非常关键的一个因素，拍摄时需要我们着重考虑。

雪是洁白的结晶物体，当它积聚在物体上面时，所有深浅不一的色调都会让它遮盖成白色，银装素裹掩饰住大地上所有的琐碎与杂乱，呈现出一种敦厚的纯白，将大地宽广无垠的一面展示出来。而白色象征着纯洁，能够给人以净化心灵的感觉，因此深受世人的喜爱。面对皑皑白雪，几乎每个人都有拿起相机的冲动。不过大面积的白对于摄影来说较难表现，特别是大面积的白色雪景，很多人会感觉拍出的效果无法还原眼睛所看到的神奇。其中很重要的一个原因是没有掌握好雪景拍摄的光线。

雪景拍摄，白色部分占据面积较大而且是反光体，要比其他景物明亮。在有太阳光线照射时，就更加明亮。在一定的角度被光照射之后会发生折射，光线会被加强，选择不同的光线角度拍摄，表现出的视觉感受差别非常大。

如果用顺光或顶光进行拍摄，虽然可使色彩鲜艳饱和，但被摄体受光面积多，几乎没有阴影。不能使雪白微细的晶体物产生明暗层次和质感，立体感也较差，而且顺光方向雪平面大面积受光，雪被光照折射之后，容易出现高光溢出的现象。基于这种原因，顺光条件下尽量避免拍摄雪的平面。

顺光拍摄雪景并非一无可取，顺光的色彩还原好，曝光也相对容易控制，比较适合拍摄立体剖面的雪景，比如前面提到过的雪帘、雪蘑菇等。可借助积雪表面自然形成的起伏和波纹，表现出它的质感和立体形态。采用顺光方向拍摄剖面雪景只要把握好机位，用视线角度差可以取得很好的现场还原效果。

逆光拍摄效果

逆光或侧光拍摄雪景，能使画面产生明暗的立体变化，呈现视觉美感，还能充分表现出明暗层次和透明质感，整个画面的色调也会显得富于变化。拍摄雪景时更多采用的是逆光、半逆光、侧光这类光源。

这是一张逆光拍摄的图片，光线透过云层打到树干和土地上，合适的曝光使画面层次分明，细节突出，立体感很强，而且整个画面的色调富于变化。很好地利用了逆光富于渲染气氛的特点。

逆光拍摄的特点是层次分明，能很好的表现大气透视效果，在拍摄雪景的全景和远景时，采用逆光这种光线，会使画面获得丰富的层次。

这是一组逆光下拍摄雪景的用光范例

侧光拍摄效果

侧光的拍摄特点是景物一侧受光，另一侧则处在阴影之中。有明显的阴暗面和投影，利用投影来弥补大片积雪的平淡与单调，是雪景拍摄最常用的技巧。

采用侧光拍摄，把雪地上作为前景的两棵小松树映射出长长的投影，让画面变得富有层次变化，蓝色天空和远处雪山，把雪后的宁静表现得非常出色。

侧光对景物的立体形状和质感有较强的表现力，非常适合表现被摄景物的清晰轮廓、影调和反差层次。对塑造画面的立体感是最常用的一种光线。除了大场面的广阔雪景外，侧光

也适合拍摄单体雪景。根据景物受光面积和阴影部位的比例，调整机位，把被摄物体的立体感通过光线表现出来。

下图选择了侧光角度，以雪乡民居为背景，放低拍摄机位，用广角端贴近积雪堆积出来的物体，让景物一侧受光，另一侧则处在阴影之中，产生明显的阴暗面和投影，对积雪堆积出来的物体有很好的立体表现作用。从图中可以看出，阴影的形成仅仅依靠光线的角度还是不够的。景物中还要有高低错落的排列，这样才能形成阴影，有助于表现物体的立体感。

操作密码：拍摄时选择好拍摄角度，让光线从镜头的一侧打在被摄物体上，移动机位，调整光线形成合适的阴影比例。同时留意观察背景是否恰当，白色物体最好选择暗背景来加强对比，上图选择了雪乡民居为背景，低角度广角贴近被摄体，突出表现雪的质感和物体形状。用背景民居袅袅炊烟的"动"，来突出整个画面的静。动、静结合使画面有了看点。

拍摄数据：Canon EOS 50D 18-200mm 镜头 P 档 评价测光 F10 1/250 秒 ISO 100 白平衡 自动

利用对比强化视觉效果

广阔无垠的大地被雪覆盖之后呈现一片洁白，放眼望去"千里冰封，万里雪飘"的北国风光大气磅礴，好不壮观。不过肉眼所见的视觉震撼，换成用镜头去表现大面积的白雪却往往一筹莫展。白茫茫一片的雪景照片会让人感觉到单调乏味，如果背景处理不当，选择的背景亮度很高，整个画面一片苍白，令观看者的眼睛更加难受，完全体会不到拍摄的现场感。

这是因为人眼与镜头观察事物的方式不同，人眼可以 360 度扫描环境反射到大脑产生联想对比，相机没有智慧，镜头视野范围如果没有对比，截取出的画面无法让人产生联想，苍白一片的雪景照片让人感到索然无味。

所以在拍摄雪景照片时要注意选择对比，来制造画面的视觉效应。框取画面时寻找一些造形奇特或者色泽艳丽的景物来搭配白雪，形成明暗对比或色调对比凸显积雪的洁白与美丽。

下图是雪乡民居小院外一片司空见惯的积雪，一圈不规则的足迹形成了特殊的几何图案，打破了平面雪的单调，背景栅栏投下的阴影与白雪产生明暗对比，凸显出积雪的纯白与美丽。

操作密码：洁白的雪地上杂乱的车辙和行人的脚印会破坏雪景的完整，但恰到好处的一行足迹，却可使静止的画面活跃，如果没有那行不规则的脚印，即使有背景物投下的阴影，画面也会显得死寂呆板。深浅不一的足迹打破两维平面，凹凸不平形成立体对比，让画面一下子"活"了起来。拍摄时白色物体占居画面比例较大，为正确还原出雪的白色，曝光补偿提高 +0.7。同时用点测光提高精度压暗投影，凸显出积雪的洁白。

拍摄数据：CanonEOS 50D 18-200mm 镜头   P 档   点测光   F11 1/500 秒   ISO 100   白平衡 自动

雪景可以做主体表现也可以做为环境来表现，以白色雪景做环境，能够通过色差对比让所表现的主体更加突出的显现。

对比是突出主体的最有效方法。在主体处理的过程中，把主体形象和其他元素形成对比关系，是拍摄雪景取得视觉效果的基础，常用的对比方法有明暗对比、色彩对比、虚实对比等等。

下图以大面积白色雪景为背景，通过强烈色差的人物点缀，在白色背景中显得非常抢眼，突出展现出劳动快乐与悠闲快乐的行为对比。既起到活跃画面的作用，又给画面带来生气和活力，还能有力地表现雪乡风光的环境特征，加强主题的表现。

《不一样的快乐》

操作密码：虽然是表现雪的题材，并非一定要把雪景做为表现主体，把雪景做为环境可以通过衬托的关系得到表现。通过人物的点缀使单调的雪景画面活了起来，用色差对比的方式展现了雪乡的环境特征。较小的光圈是让环境背景清晰的条件。

拍摄数据：Canon EOS 50D 18-200mm 镜头　P 档　评价测光　F11　1/100 秒　ISO 100　白平衡自动

明暗对比

明暗对比是指画面中亮部影像与暗部影像之间的相互关系。把两种不同的影像互相对照，互相比较，目的是使画面更好地表现主体，增强作品的感染力。雪乡拍摄的主体多为白色物体，如果画面中没有一点暗色调，会使画面显得轻飘乏力。拍摄时选择比较暗的背景，能达到稳定画面重心、平衡画面的作用。

下图以白色雪墩为主体，选择色调较暗，亮度接近于黑色的树林为背景，形成明暗对比。使整个画面的层次感显得丰富起来。

操作密码：用暗背景衬托亮主体，可以使被摄物体的明亮部分与阴暗部分产生亮度差别，这种差别所造成的明暗对比，在画面中就是影调的反差。为了保证主体曝光正确，拍摄时只根据画面的亮部曝光，有意识让暗部背景曝光不足，使图片的黑白反差更加突出，黑的彻底，白的明亮，灰部有渐变层次。细腻表现出白色雪墩的质地。

拍摄数据：CanonEOS 50D 18-200mm 镜头 P 档 评价测光 F10 1/320 秒 ISO 100 白平衡 自动

色彩对比

色彩是现代摄影最显著的外貌特征，能够首先引起欣赏者的关注，鲜明生动的色彩可以让观看者留下愉快的印象。自然界的色彩虽然千变万化，但都具有色相、明度与饱和度三方面的色觉属性。巧妙地色彩运用，会使作品具有强烈的视觉吸引力。能快速、生动、渲染和抒情地传达出作品的情感与信息，是摄影语言里塑造形象氛围的重要手段。

取景拍摄时选择有明显对比色彩的画面入镜，可以达到强化主体的目的。相互对比的色彩能使视觉产生跳跃、流动的节奏感。在主体与背景之间，安排好色彩的对比关系会得到强化视觉冲击力的效果。

艳丽的色彩效果，可以使画面的视觉感受更加丰富。下图这幅照片，借助红灯笼顶着白色雪帽产生的对比色彩进行取景，主体的红白与背景的暗绿形成鲜明的对比。在暗背景中又跳跃出屋顶白色的积雪，深浅无序的影调交织在一起，产生出画面的节奏感。

操作密码：色彩是一张照片能够吸引人的要素之一，利用色彩反差会给画面带来明显的对比效果。使画面鲜活而富有动感。运用对比色组织画面进行创作，能提高照片的感染力，

使画面透澈靓丽。在主体与背景之间，安排好色彩的对比关系会得到突出主体，强化视觉冲击力的效果。

拍摄数据：CanonEOS 50D 18-200mm 镜头 P 档 评价测光 F8.0 1/125 秒 ISO 100 白平衡 自动

虚实对比

小光圈长景深是拍摄雪乡风光最多使用的方式，但有些时候为了突出某一个主体时，画面全清晰会使多余的语言产生干扰，使观看者分不清以谁为主，视线不知道停留在哪里，在这种情况下画面上所有的语言都清晰反而会破坏气氛，使画面变得杂乱无章。

此时，应利用景深的方式，使主体清晰，陪体模糊，通过虚实对比来衬托突出主体。我们来重温一下光圈、物距及焦距对景深的影响：

光圈与景深成反比。光圈越大、景深越小；光圈越小，景深越大；

拍摄距离与景深成正比。拍摄距离越远、景深越大；拍摄距离越近、景深越小；

镜头焦距与景深成反比。镜头焦距越长、景深越小；镜头焦距越短、景深越大。在不影响构图效果的前提下，"大光圈＋近距离＋长焦距"是获取最小景深的简易口诀。

下图是雪乡民居屋檐下随处可见的"冰溜子"，由于雪乡房顶都是坡型的。白天日照下房顶冰雪融化。雪水融化滴落过程中再遇冷结冰，以此反而复始形成北方特有的景观"冰溜子"。由于城市中少见，不少人会当成一种景观拍摄下来。为了突出表现冰姿的形态，将杂乱的背景通过景深的方式模糊虚化，在虚实对比中突出了主体表现。

《冰姿》 摄影 拍客老枪

操作密码：突出表现某一主体时，画面语言尽量简洁，长焦包含的画面语言没有广角那么多，各个元素比较容易组织搭配，截取的画面仍然有语言干扰时，开大光圈减少景深，让主体得以清晰的表现，把多余的语言模糊虚化。通过虚实对比让观者的视线集中到清晰的部分，达到主体突出表现的目的。

拍摄数据：CanonEOS 50D 18-200mm 镜头 P 档 点测光 F5.6 1/180 秒 ISO 160 白平衡自动

用虚化背景的方法来突出主体，除上述三项基本原则外，还要掌握好聚焦，一定要对准所拍摄的主体来聚焦，才能保证所摄主体的清晰。聚焦不准确有可能让背景清晰了，主体却模糊了。

制造浅景深最关键的操作要素之一是焦距，有些浅景深的照片之所以拍不好，是物距太大，相机距离主体太远，长焦段对轻微的颤动非常敏感，结果是虽然背景模糊虚化了，但主体因手持相机不稳也不太清晰，会削弱对主体的表现力。下图用145mm长焦拉近主体拍摄，等效焦距相当于 232mm，在大光圈下取得了很好的背景虚化效果，但忽略了快门速度，结果主体也不清晰。

长焦段的安全快门速度应至少为镜头焦距的倒数。当测光给出的曝光组合达不到安全快门数值时，用调整感光度的办法把快门速度提高到手持安全的范围。如有可能用三角架更为可靠。

操作密码：由于低于长焦下的安全快门速度，造成画面抖动，放大观察发现主体也糊掉了，在此镜头焦距下的快门速度至少要 1/200 秒，才能把主体拍清晰，实现虚实对比突出表现主体的目的。主体不清晰很难产生震撼的视觉效果。

拍摄数据：CanonEOS 50D 18-200mm 镜头 P 档 点测光 F5.6 1/120 秒 ISO 100 白平衡 自动

后期制造虚实对比效果

　　前景或背景比较杂乱会分散观看者的视线，我们已经强调，突出某个特定的物体时，最好使用小景深使杂乱的背景模糊虚化，达到突出主体的目的。但前期拍摄可能忽略上述因素，得到背景杂乱的照片。下图拍摄的意图，是想用比喻的方式制造"雪乡签到"的趣味画面。虽然使用了最大光圈，但焦距太短，背景既不是和前面的主体一样清晰，也不是模糊得使人看不出是什么，似清非清的杂乱背景，干扰了主题表现。下图用 Photoshop 软件将背景用径向模糊的方法，虚化出纵深的空间感和时间感，产生强烈的视觉冲击效果。

《雪乡签到》

后期背景虚化制作方法：

● 打开 Photoshop 软件导入待处理图片

● 用套索工具或快速选择工具选定要表现的主体，点击右键在出现的对话框中选择反向。

● 在滤镜中选择模糊，根据表现意图在子菜单中选择模糊类型，单纯虚化背景一般会选择高期模糊。

● 拉动半径滑块达到希望的虚化效果，点确定得到背景虚化的图片。

● 点击文件，在下拉菜单中点击存储为，出现存储页面后，以副本形式保存处理后的照片，关闭原始文件时出现是否保存修改的对话框，点击否可以让原始文件得以保留。

　　上图这张图片作者把表现"雪乡签到"用超现实夸张的方法进行了处理，选择的是径向模糊，虚化出的效果具有抽象的纵深空间感和时间感，产生较强的视觉冲击力。

利用前景吸引视线

用来充当前景的元素很多，只要留心一定能找到合适的对象。用于充当框架式前景的形式有窗口、洞口、门框以及树叉等；位于画面的上方的前景有垂枝、树叶或是某些建筑物的局部等；位于画面下方前景有花草、树丛、山石或任何有兴趣的点缀物体等。

除了具体的实物前景外，小路、流水、脚印、栏杆等具有延伸感的景物也可以做为前景。另外画面上的隐性线条也可以起到引导视线的前景作用。

选择前景一般有这样几个目的：

一是，引导读者目光走向；

二是，增加画面的空间深度；

三是，均衡画面构图；

四是，增加动感；

五是，表现故事、事件的时间、季节和地方特点。

前景放在画面下方的效果

风光照片通常由前景、中景和远景所构成。这些元素都很重要，合理的安排构图才能让画面协调。前景不一定是主体，但是它在画面中起的作用非常重要，恰当的前景能增强画面的纵深感和层次感。把前景安排在画面的下三分之一处，能够将场景中的中景和远景联系到一起，让画面变得立体丰满。下图选择低的灌木为前景，可以引导观看者的视线从前景移动到中景和远景上。不但增强了画面的纵深感和层次感，还起到了平衡画面的作用。

操作密码：在风光环境摄影中，借用前景是比较常见的手法。虽然前景在画面中起着很重要的作用，但起到的仅是引导强化的作用。因此不要选择太过复杂的前景，在画面中安排的比例也不要过大，前景一定要服从于主体，虽然前景处于主体的前面，但不能成为干扰主体表现的障碍，不能让前景起到分散主体注意力的反作用。

拍摄数据：Canon EOS 5D Mark Ⅱ 24—70mm 镜头 P 档 评价测光 F8.0 1/400 秒 ISO200 白平衡 自动

雪乡许多景观都是固定不变的景物，如果大家拍摄的角度都一样，很难使自己的片子与别人有所区别。下图是雪乡再熟悉不过的场景了，没有画面前方独到的前景，会流于千人一面的平庸结果。在选择好拍摄景物和角度后，设置安排一些天然元素作前景，是一个避免似曾相识的好办法。

操作密码：在竖幅画面中适当地扩展画面景别，带出一些必要的前景景物，可以帮助我们增强视觉的空间感。而这种空间感是通过图片中的距离感来实现的。上图是通过近大远小的透视关系来实现空间距离感的。

拍摄数据：CanonEOS 5D Mark II 24—70mm 镜头 P 档 评价测光 F8.0 1/400 秒 ISO200 白平衡 自动

如果一时找不到合适的前景对象，拣点树枝、树叶或把随身物品放在合适的位置上，人为制造出一个前景来平衡画面，并可增加画面的故事性。

除了实物前景对象外，如果能在画面中呈现出景物暗藏的引导线，会让画面更加精彩，比如一条道路、一溪流水、或者一行脚印等具有延伸感的线条都可以做为前景，起到引导视线的作用。让观看者的视线沿着画面中的脉络一直延伸到远景。这种照片的视觉冲击力很强。比如下图雪地上的那行脚印、延伸至远方的车辙和那条婉蜒曲线的溪水，都成功起到了引导视线的作用，让观看者的目光顺着线条的走向很容易被引入画面。

下图这张图片拍摄时周围没有合适的前景对象，拍摄者将随身携带的三角架放在画面左前方位置充当前景，用以增添画面的趣味性。三角架与远处的摄影人构成呼应关系，较好地制造出现场事件的故事性。

拍摄数据：NIKON D300 18—200mm 镜头 P 档 3D矩阵 F18 1/1 250 秒 ISO 640 白平衡自动

前景放在画面上方的效果

　　前景除了有引导视线的作用外，还有均衡画面的作用。当我们感到画面空旷拍摄价值不大时，可努力寻找前景填补画面空白，哪怕是一个简洁的树枝，也能起到平衡画面，营造意境的效果。关键在于用心寻找，因为前景不会自动跳到你镜头之前。而是通过观察寻找，设计经营出来的。

　　平衡画面最常用的前景是花草树木。运用不同季节的花草树木作前景，能够交待渲染季节信息，丰富画面的信息量。同时可以均衡画面布局，保持画面平衡。当我们觉得画面不够均衡时，引入前景是经常使用的方法。

　　下图大面积无云的天空显得单调空旷，远处雪山在空旷的天空下显得过于直白，让人的视线直奔主体，没有思考回旋的余地。在拍摄现场找到一株冬季里干枯的树木，调整好拍摄角度，避免让大面积的树木进入画面抢去主体的风头，造成喧宾夺主。恰当的选择树枝的一个局部后，把下垂的枝枝置于画面上方弥补画面的空白处，拉开画面空间和视觉上的远近距离。让观看者的视线逐渐进入画面，而不是直奔主题。同时前景树枝稳住了画面重心，使画面不再有一头沉的感觉。

　　操作密码：冬天干枯的树枝只有形态没有色彩，因此，以雪山较亮的区域测光，将做为前景的树枝处理成剪影，在起到均衡画面作用的同时，又有装饰画面的效果，非常有效地突出了主体。

　　拍摄数据：NIKON D70s 18—135mm 镜头　P 档　3D矩阵　F7.1　1/200 秒　ISO 100　白平衡 自动

用故事情节来丰富画面

一张好的摄影作品起码有三点讲究：用光、瞬间和构图。除了这三点，现实生活中还可以发现一些有趣而又吸引人的情节画面，你可以用相机去捕捉这些画面，试着用镜头讲述一段图片故事。把身边可能不起眼的微小事物用镜头表现出来，创作出耐人寻味的照片。

特别是在我们拍摄了太多静止不动的风景，令人感到单调乏味，审美有些麻木时，不妨调节一下心境，为自己的画面等待或者找寻一个适合的"主角"，等待捕捉趣味性的瞬间，让画面表现出故事性来。

所谓故事性就是用照片说故事，观看者看到画面，就能联想照片背后的故事，如果给照片下个指向标题，观看者会根据不同的标题指向，延伸联想照片背后的故事内容。一段连续或不连续画面的情节，可以用蒙太奇的方法编辑串联成"摄影小说"的形式来抒发拍摄感受。网络上许多个人的摄影博客，都非常喜欢用这种形式与他人分享交流拍摄情感。

情节画面要看你是否具有独到的观察力，眼疾手快，头脑灵活才能去挖掘出其中的故事来。如果你有一点后期的基础，回到家里编辑整理图片时可以再次表现，再次抒发。很多时候在回望时，能体味到更深更多的故事内容。

右图这张图片是一幅雪乡街头狗拉爬犁的画面，一个头戴狗皮帽，身穿裘皮大衣的农民赶着狗拉爬犁奔走在雪乡街头。现代奢侈品的裘皮与朴素老土的狗皮帽子搭配在一起，把现代、传统、奢侈、朴素等对立的土洋要素集中于一身，会让人去琢磨画面。两条狗，一个爬犁让雪乡人在发展旅游中富了起来，奢侈品裘皮大衣似乎在诠释着《致富路上》背后的故事……

这张平淡无奇的照片，关键是给了一个指向标题，观看者会根据标题指向，延伸联想照片背后的故事。如果没有这个指向性标题，照片很难引起观看者的注意。给照片命个名是引导读者理解画面，产生联想的非常有效的办法。

《致富路上》

操作密码：拍摄移动物体对象时，自动对焦模式应选择连续对焦，佳能的人工智能自动对焦又快又准，跟随移动的物体半按快门，只要听到哔的一声，即证明抓实焦点，果断地把快门按到底即可完成曝光。

拍摄数据：Canon EOS 50D 18-200mm 镜头 P 档 评价测光 人工智能自动对焦 F10 1/250秒 ISO 100 白平衡 自动

人工智能自动对焦用于街拍特别方便。拍静止物体时可以当单次自动对焦使用，来保证精准对焦，当拍摄移动物体时可自动切换为连续对焦模式，保证对活动瞬间的把握。如果用连拍驱动模式更容易轻松抓拍活动的瞬间。而且人工智能对焦半按快门对焦成功后，有合焦提示音，比较适合初学者使用。佳能的另一种连续对焦模式 —— 人工智能伺服自动对焦，是一种单纯的连续对焦模式。对于移动的物体对焦反应更为敏感。但这种模式没有合焦提示音，初学者往往无法判断是否对焦成功，下不了决心释放快门。而且扫街拍摄并不完全是拍摄移动物体，用人工智能自动对焦的灵活性更高一些。

有时候不一定是震撼的景色能打动观者，反而是一些简单的细节容易让人引起联想和回味。在雪乡这种特殊的生存环境中寻找到故事，可以让观赏者细细品味一番，如果能捕捉到人物意味深长的神态，更能让图片有话可说。

下图这张图片用长焦捕捉到一位老者在自家小院门前举手眺望的情节，由于拍摄距离较远没有打扰到拍摄主体，捕捉到的神态非常自然，从老者的身着打扮推测，应该是早年闯关东来到雪乡讨生活的人，使画面拉开了时空距离。观者延着《盼归》命题会联想老者是在盼归家人还是盼归游客外，还可能去联想主体身后的故事。

《盼归》

操作密码：拍摄有情节的画面，最希望得到的画面效果是真情的流露，但我们接近感兴趣的事物后，会让被摄者变得不自然，要么表情僵硬，要么表情做作，长焦有远摄抓拍人物事件的优势，可以在被摄者不知情的情况下拍出非常自然的表情瞬间。

拍摄数据：Canon EOS 50D 18-200mm 镜头 P 档 评价测光 单次自动对焦 F9 1/250 秒 ISO 100 白平衡 自动

摄影是一种孤独的行为，孤独会让人思考。但孤独不是故作姿态，而是一种冷静的心境。对于美的发现，需要自己冷静的慢慢领悟，而不是跟在别人后面一味的模仿。其实就算你和摄影高手站在同样的地方，拍同样的东西，人家拍出的东西和你拍出的东西内涵也不一样。

寻找有情节的故事画面需要你带着想象，去大量的观察。

下图画面上的女孩在通往雪乡的公路上久久地伫立，投射到银色世界上的倒影，与路旁树干斜射下来的倒影相比，显得是那么的渺小。命题为《一个人的雪乡》表现出一幅孤独的风景，个体的孤立或许更能撞击人心。天下的雪都是白的，错误的白平衡使照片呈现一种蓝色调，而这种蓝，恰恰有利于表现画面的平静与恬淡。

《一个人的雪乡》

操作密码：拍摄雪景白平衡设置不当，或超出自动白平衡的调节范围时画面会偏蓝，为了营造某种特殊的气氛，我们可能有意识采取错误的白平衡方式，造就出非自然界的主观色彩。使用白色荧光灯的白平衡模式，让照片变成淡淡的蓝色调。由于画面中含有大量的冷色调，呈现出一种宁静、平和的感觉。

拍摄数据：Canon EOS 50D 18-200mm 镜头 P 档 评价测光 单次自动对焦 F9.0 1/320 秒 ISO 100 白平衡 白色荧光灯

冬季雪乡是摄影人想往拍摄的地方，经常会遇到有组织的外拍活动，一二十架长枪短炮围着一个景物狂拍，拍摄结果的无趣程度可想而知，不过，从侧面反映出雪乡独特的一道风景线。把这种场面组织入镜，也可以制造画面故事。

　　下图没有从正面去表现这种故事，而是用光影的效果去表现群人围观的情节画面。由于光线的入射角度较低，围堵拍摄人群的投影拉得很长也很夸张。观看者的眼球会被密集变形的投影所吸引，只要视线能够停留，就会产生联想，就会延着《集体创作》的命题产生画面故事。

《集体创作》

　　操作密码：镜头前方顺光照射下的物体没有阴影，也不会产生投影。但顺光打在镜头后方的物体上能够产生投影；而且光线的入射角度越低投影越长。一般情况下，我们都会设法避免把自己的影子拍进来干扰画面。但制造一些特殊效果和表达时，也会有意识把自身投影纳入画面。

　　拍摄数据 :Canon EOS 50D 18-200mm 镜头　P 档　评价测光　单次自动对焦　F10.0 1/250 秒　ISO 100 白平衡 自动

用蒙太奇的方法编辑为组图，将抓拍到的瞬间通过命题串联起来讲故事，也是常用的的表现手法。

用串联起来的组图画面，讲述一段雪乡邂逅的故事，赋予画面趣味性。

《祈盼的季节》

《60块钱一位不讲价》　　　　　《怎么一天也没生意》

雪乡夜景拍摄的实战方案

雪乡的夜晚来得特别早，不到五点天就黑了，家家户户把门前盏盏红灯笼点亮后，看似幽暗的雪，在红灯笼的映照下反射出媚眼的光亮，充满了诡异，令人仿佛置身于梦幻般的童话世界。

吃过晚饭后，一定要在雪乡的夜色里走走，拿上相机扛上三角架，加入到雪乡夜色的拍摄行列里。去感受一下被黑夜笼罩下的雪乡魅力，雪乡的每一条胡同，每一家小院都有让你留住脚步，支起三角架拍摄的吸引力。

雪乡夜景和其他题材的夜景拍摄没太大的本质区别，都属于有一定难度的弱光摄影行为，只是在雪乡那种特定的环境和条件下进行拍摄，往往会受到更多的条件限制，带来拍摄上的困难。对经验不足的初学者，罗列出一些拍摄要点可以少走些弯路，对掌握弱光下的夜景拍摄提供一些技术的帮助。

雪乡夜拍扩展感光度不足取

夜色中的雪乡与夜幕中的冰雪大世界不同，冰雪大世界的夜晚灯光璀璨，入夜后的光照强度相对明亮，适当提高感光度，不用三角架也可以获得满意的夜景照片。而雪乡夜色以星星点点的红灯笼做光源，其微弱的点状光源照度很低，基本上无法用提高感光度的方法完成手持拍摄要求。

根据雪乡夜景光源的特点，需要表现的是昏暗光线下鬼魅，一个被雪蛊惑的童话，而不是去表现一般意义上夜景的灯光灿烂，雪乡夜景属于微弱光线下进行的弱光摄影行为。

弱光摄影有自己独特的味道，在微弱光线下拍摄的图片，往往能给你带来额外的惊喜，这种惊喜是美学意义上的。弱光善于传达某种情感符号，能充分展现长时间曝光在画面上的创造力，为作品带来一种静谧的感觉和味道。因此体验弱光摄影，扩展感光度是不足以取的。

上图这张图片把感光度扩展到 12 800，虽然达到了手持拍摄要求，画面也够亮了，从技术层面保证了安全快门下的正确曝光，但失去了雪乡人家那种童话般梦境的静谧味道。

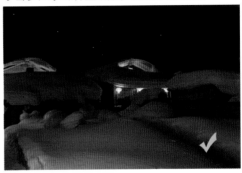

上图使用三角架稳定相机，用较长时间曝光完成拍摄，把昏暗光线下的童话般梦境表现的淋漓尽致，层次细节都很到位。不张扬不耀眼，给人以几多诗意与联想。

要获取雪乡夜景神秘的气氛，曝光时间往往需要数秒甚至数十秒。为保证照片的清晰度，一支稳固的三角架是必不可少的，它能给你带来最有效的稳定性，保证弱光摄影的创作要求。

弱光下的曝光方案

摄影离不开光线，没有光就没有影，解决光线不足的办法有两个：或者开大光圈，或者降低速度。但在极弱光线下开大光圈的作用有限，因此，降低快门速度是解决雪乡弱光摄影最实用的曝光方案。

那么是不是支上三脚架降低快门速度，延长曝光时间就解决了弱光下的正确曝光了呢？其实不然，在弱光下拍摄的难点在于对曝光的判断与把握。我们 N 次强调正确曝光的前题在于测光，采取什么测光方式，以什么部位测光会决定作品的成败。经验不足者往往会事倍功半。

数码相机备有多种测光模式，设计目的都是为了获取准确的曝光量。采用什么样的测光方式，要根据拍摄对象和表现意图对应选择，不能一概而论。正确测光是保证曝光准确最重要的手段。

雪乡夜晚的光源是每家门前悬挂的红灯笼，以及映射到窗外的室内照明。光源照度范围都很小，有灯光的地方很亮，没有灯光的地方很暗，光比很大。大光比是较难控制的拍摄场合，控制不好很容易让灯光部分过曝，灯光以外的部分死黑一片。

上图亮区过曝的原因，是测光点对在了窗外灯光映射的雪地上，结果除了光照范围内的雪地曝光正确外，窗内灯光过曝，光照范围以外死黑一片。

上图用点测光模式，将测光点对在中央那扇窗户的亮区，让光圈自动收小，给出一组长时间的曝光组合，为避免出现灯光耀斑，用曝光负补偿减少一档曝光量，表现出比较丰富的层次感，使画面呈现低沉的影调，制造出恬静、凝重的画面气氛。

弱光下的对焦方案

　　自动对焦通俗的理解是相机通过电子及机械装置使影像达到清晰的功能。相机的自动对焦点数量越多，可供选择的对焦点也越多。佳能 5OD 和 5D2 有 9 个自动对焦点，7D 有 19 个的自动对焦点，而新上市的 5D3 有 61 个的自动对焦点。在自动对焦点呈全自动状态下，半按快门相机会自动判断焦点的位置完成对焦。但在昏暗的光线环境下，会出现相机不能自动对焦的情况。你会感觉到相机的自动对焦系统一直在吱吱作响（寻找对焦点的运动声音），提示你对焦失败。无法完成对焦的任务。解决昏暗光线下不能自动对焦有两种方案：

　　首先不能把自动对焦点呈全自动状态，因为在全自动状态下，根据就近对焦的设计原理，相机自动选择焦点位置，而昏暗的光线在下往往就近找不到焦点，此时，应该使用中央对焦点单点自动对焦，因为所有相机的中央对焦点都是最灵敏的，选择画面中明亮部位或反差较大的物体边缘进行对焦通常都能成功。

　　如果不希望被摄主体放在画面中央，可以半按住快门锁住焦点，重新构图完成拍摄（评价测光以外的测光方式，别忘了用曝光锁锁定曝光）。

　　上图用中央对焦点选择画面右侧红灯笼单点对焦，由于有一定的亮度反差可以轻松完成对焦。锁定焦点与曝光后平移画面，把进入雪乡寂静的路口展现出来，重新构图后完成拍摄。

　　如果你的相机有内置闪光灯，在低光照条件下就显得非常有用，不仅可以当做辅助光源使用，还能作为辅助对焦灯使用。为了表现夜晚气氛一般不建议用闪光灯，但可以作为辅助对焦灯使用。在菜单中将自动对焦辅助光闪光设为启动，昏暗光线下半按快门时，可以发出频闪光束，帮助对焦。

　　虽然对准灯笼可以轻松对焦，但以画面最亮的部位对焦并以此测光，形态美丽的雪蘑菇会完全压暗丢失层次，而需要表现的恰恰是昏暗光线下的细节，因此可借用闪光灯发射对焦辅助光，来完成对昏暗光线的雪蘑菇对焦。

实时显示拍摄的合焦方案

实时显示拍摄是通过液晶监视器进行拍摄的功能，应用在所有的小型数码相机上，特点是把图像感应器所捕捉到的影像，直接显示在大尺寸液晶监视器上，现在的数码单反基本上都有实时显示拍摄功能，可以将其作为第二取景器进行拍摄。作为单反相机的实时显示拍摄功能来说，着重兼顾的是与相机功能的联动和使用方便性。比如佳能 50D 和 5D Mark II 等机型能够使用曝光模拟、网格线显示、更改白平衡、更改照片风格等多项功能。

在昏暗场合不能进行自动对焦时，实时显示拍摄能够比通过取景器更清晰、更直观地确认夜景焦点，是弱光下对焦的革命性方案。它不受取景器中对焦点位置的限制，可以对画面的任一位置选择对焦，使用十字键或多功能选择器移动对焦框，确定希望精确合焦的部分后，对想要合焦的部分进行 5 倍或是 10 倍的放大，手动调节对焦环得到最清晰的效果后，释放快门完成拍摄。

有许多初学者不了解也没有使用过实时显示拍摄，我们以图解的方式来介绍一下实时显示拍摄的手动对焦方案。

启动实时显示拍摄的操作步骤

1. 设置拍摄模式

旋转模式转盘，设置为 P / Tv / Av / M / A-DEP 中的任意模式。

2. 选择"实时显示功能设置"

按下菜单按钮，在"设置菜单 2"中选择"实时显示功能设置"，并按下设置按钮。

3. 将实时显示拍摄设置为"启动"

选择"实时显示拍摄"并按下设置按钮。之后选择"启动"，再次按下设置按钮。

4. 按下实时显示拍摄／打印／共享按钮

按下实时显示拍摄／打印／共享按钮后，实时图像就会显示在液晶监视器上。

再次按下此按钮就会停止实时显示拍摄。

开启实时显示拍摄后即可进行高精度合焦的手动对焦操作了。

实时显示拍摄手动对焦操作步骤

1. 将相机固定在三脚架上

在进行实时显示拍摄时，使用手动对焦以获得高精度合焦效果，其前提是需要使用三脚架防止合焦点偏移。

2. 切换至手动对焦模式

将设置在镜头侧面的对焦模式开关滑动至"MF"位置。对TS-E镜头等没有自动对焦机构的镜头来说，不需要进行该操作。另外不管相机一侧的自动对焦模式采用何种设置，都能够以手动对焦模式合焦。

3. 确定对焦位置

启动实时显示拍摄，在液晶监视器内显示图像。采用手动对焦进行大致对焦，调整整体图像及构图。确定希望精确合焦的部分，使用十字键或多功能选择器移动放大框。

4. 采用放大显示，进行精确合焦

按下自动对焦点选择／放大按钮，可采用先放大5倍显示进行对焦。也可以直接采用放大10倍显示进行对焦，当最终确定合焦位置后操作对焦环进行最终的精确对焦。

5. 释放快门

当确定对焦位置并完成对焦后，确定画面整体没有问题后，用快门线或自拍延迟功能释放快门完成拍摄。

拍摄参数：Canon 50D 18－200mm 镜头 F3.5－5.6 光圈 7.1 快门速度 15 秒 点测光

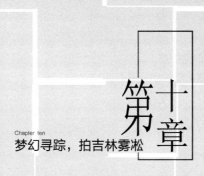

第十章

Chapter ten

梦幻寻踪，拍吉林雾凇

　　吉林雾凇被誉为中国七大自然奇观之一。与黄山云海、泰山日出、钱塘潮涌、桂林山水、云南石林、长江三峡相并列，七大自然奇观之中惟有雾凇，是随着气候变化而生成的。

　　雾凇东北人称为"树挂"。是一种雾气和水汽遇冷凝结在枝叶上的独特自然现象，气象学上称之为"雾凇"。

　　雾凇表现的手法虚虚实实，玉树琼花的世界宽容大度，带着某种心情去拍摄会更好，因为，每个人心目中，都会有自己认为最美好的瞬间。

《玉树琼花一点红》

吉林雾凇拍摄攻略

　　吉林雾凇被誉为中国七大自然奇观之一。与黄山云海、泰山日出、钱塘潮涌、桂林山水、云南石林、长江三峡相并列，七大自然奇观之中惟有雾凇，是随着气候变化而生成的。雾凇当地人称为"树挂"。是一种雾气和水汽遇冷凝结在枝叶上独特的自然现象，气象学上称之为"雾凇"。

　　雾凇的形成需要特殊的地理自然环境，在温度低于零度的寒冷天气里，不冻的泉水、河流、湖泊或池塘的雾气遇到低于冻结温度的树枝时，便会形成雾凇。雾凇现象在我国北方较为普遍，在南方高山地区也能见到。

　　中国可能没有哪些景点没有让摄影人挖到的，只要你能想到的地方一定有摄影人的影子。入冬以后摄影爱好者们会纷纷涌入雾凇岛去拍雾凇。

　　雾凇表现的手法虚虚实实，玉树琼花的世界宽容大度，带着某种心情去拍摄会更好，因为每个人心目中都会有自己认为最美好的瞬间。无论是整体一片挂满雾凇树林的全景，还是近处几条树枝晶莹透彻的雾凇特写，只要心中存有赏识美的共鸣，就会通过直觉感受到雾凇的神奇与灵感的美妙，拍出可以打动心扉的作品来。

时间的选择

　　每年 11 月中旬，吉林进入冬季。从这时起便具备了雾凇形成的条件，吉林雾凇虽然出现的频率高，但不意味着每天都有，外来人拍雾凇可能需要一些缘分，运气不好三四天也碰不上好的雾凇。一般规律是每年农历的冬至到第二年正月十五之间为最佳时节，出现的机率比较高。

　　当地广播电台进入冬季时节后每天会预报雾凇的出现时间，另外登陆吉林旅游信息网的雾凇预报系统可以查询雾凇出现的预报：http://www.gojl.com.cn/wsyb/index.php。这可以帮助你选择出行拍雾凇的时间。

　　雾凇岛很小，登岛逗留时间三天两夜足矣。第一天登岛熟悉环境随机拍摄雾凇，傍晚可拍日落。雾凇岛的日出日落很美，是摄影人上岛后最喜爱的一个拍摄题材。第二天根据前一天熟悉过的环境，有一整天的时间让你静下心来去拍摄创作。第三天早起拍日出、雾凇、中午离岛。

拍摄数据：Canon EOS 5D Mark Ⅱ　24—70mm 镜头　P 档　点测光　F5.6　1/125 秒　ISO 100　白平衡 自动

雾凇拍摄方法

雾凇表现讲究拍摄时间

　　雾凇似雪非雪似霜非霜，在风光摄影中是非常短命的题材，凝霜挂雪，戴玉披银的雾凇，往往在看到极致的那一刻，还来不及端起相机时，忽然来一阵风而瞬间凋落，因此需要了解把握好最佳的拍摄时间，在一天的时间里，上午 8-10 点钟为清晰表现雾凇的最佳拍摄时间，这段时间江面上的雾气渐渐散去，天空和景物可清晰地展现在眼前，而且此时风小，气温也低，雾凇不易脱落也不会融化。

　　10 点钟以后，树挂会随风一片一片的脱落，太阳光使地面温度回升后雾凇会融化。残缺的树挂形态会影响拍摄的美感。雾凇形成后一般可以保持日出后两三个小时左右的时间，此时雾气逐渐消散，大气透明度变好，晶莹洁白的雾凇在蓝天背景的衬托下，可增强色彩对比，凸显出雾凇的洁白与美丽。

拍摄数据：Canon EOS 5D Mark II　24—70mm 镜头　P 档　点测光　F11　1/500 秒　ISO 100　白平衡 自动

不过雾凇的魅力除了形态美丽外，还在于有雾，那种云雾缭绕的感觉如梦似幻，营造出一种奇特的氛围。这需要你早起，因为清晨时分正是江雾升腾飘散之时，一排排杨柳树挂淹没在如烟似雾的大气之中，远远望去时隐时现，犹如童话般的梦幻世界。这种淡淡的反差有一种朦胧的美，与日照下色调鲜明的雾凇相比另有一种味道。但弱反差的片子不太好拍，把握不好会显得平淡。在画面中安排进一个小小的对比色，就会让图片生动起来，从而打破画面的呆板。

操作密码：图中的拍摄者也是被拍者，把握好时机将其组织进画面，可起到画龙点睛的作用，不仅能为弱反差画面制造色彩对比，而且也为画面增添了故事性。点睛的比重要适当，宜小不宜大，不可以喧宾夺主削弱对雾凇主题的表现。在后期也可以稍作调整，如左下图就是改变了画面的颜色，关键是你要知道自己需要什么感觉。

拍摄数据：Canon EOS 5D Mark II 24—70mm 镜头 P 档 点测光 F7.1 1/200 秒 ISO200 白平衡 自动 曝光补偿 +0.7

雾凇岛有夜看雾、晨看挂、中午时分赏落花的说法，分别表明了雾凇观赏的三个阶段。夜晚的雾凇岛没有光线，如果要表现雾凇的朦胧美，可在天刚亮的时候拍摄，此时的江面雾气没有完全飘散，但光线较弱，需要进行曝光正补偿。

8 点钟以后太阳逐渐升起，光线也变得明亮起来，是所谓"晨看挂"的最佳时间，也是拍摄表现雾凇形态美的最好时刻，过了 10 点以后，树挂开始一片一片脱落，接着是成串成串地往下滑落，就不容易找到形态完美的雾凇了。掌握住雾凇形成后各时间段的规律，是拍摄表现雾凇的基本功课。

注意光线的位置

拍摄雾凇形态美的时间不长，只有两个小时左右的时间。太阳升起以后，景色逐渐变得清晰，雾凇在光线的映射下，显得晶莹剔透，纯洁而美丽。此时是拍摄雾凇的最佳时机。

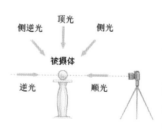

雾凇的神奇在于它有花无根，有形无踪，随时随地都会随风飘落。把握好光线位置，是表现雾凇的关键条件，所有的光都具有方向性。

在全书的各个章节我们反复强调光线的重要性，从示意图中对光位的描述应该比较容易理解。根据光源与被摄体和相机水平方向的相对位置，我们把光线分为顺光、逆光、侧光三种基本类型，而根据三者纵向的相对位置，也可细分为顶光、顺光、逆光、侧光、侧逆光等光线类型。

拍摄数据：CanonEOS 5D Mark II 24—70mm镜头 P档 点测光 F11 1/500秒 ISO200 白平衡自动

前面讲过上午 8-10 点是拍雾凇最好的时间，此时太阳还没有完全升高，光照强度和方向比较容易把握。采用顺光方向拍摄，光线投射方向跟拍摄方向相一致。在这种光位下曝光

比较容易把握，拍摄时最好以蓝色天空为背景，深蓝色的天空衬托出的雾凇洁白如玉，晶莹剔透，十分美丽，尽量缩小光圈获取较大的景深，让拍出的雾凇照片更加清晰，显示雾凇的自然美。顺光拍摄接近于原型，色彩能得到正确还原，但缺点是光多影少，立体感稍差。

侧光的色彩还原不如顺光的效果好，但对景物的立体形状有较强的表现力，有利于表现被摄景物的清晰轮廓、影调和反差层次。在塑造表现画面的立体感和深度感时，侧光是首选的光位。

侧光的光线来自被摄景物的侧面，有明显的阴暗面和投影，立体感很强，非常适合营造独特的气氛。可以让观看者通过光影的表现去理解拍摄者所要传达的情感。上图这幅图片光线来自雾凇主体的正右侧，光线的利用恰到好处，景物受光面积和投影面积大体相当，用光线映射出挂满雾凇小树的孤独魅影，呈现出独特的光影效果，表现出空旷原野中的那一份顽强的生命。

摄影中的逆光是最具表现力的一种光线，但都知道逆光难拍，在使用上最复杂，难度也最高。其实就是明暗问题不好解决，由于光线

来自被摄景物的背面，只能照亮被摄体的轮廓，几乎无法使被摄物体曝光准确，最突出的表现是主体严重曝光不足，没办法表现细腻的质感，也不利于色彩的还原。但有经验的摄影人恰恰会利用这个特点，避开表现物体的质感，用背光勾勒出物体边缘的轮廓，使景物之间区别效果明显，层次分明，能很好的表现大气的透视效果。在拍摄全景和远景时，采用这种光线，处理得当，会收到意想不到的效果。

《晨妆》 摄影 于庆文

操作密码：在拍摄现场对光线的采用没有固定的模式，要根据被摄对象的特点和希望表现的内容，来选择光线的运用。我们分别对三种基本光线类型下的雾凇表现举例做出了说明。从中得到的启发是顺光适合显示雾凇的自然美。侧光适合用光影表现雾凇的立体感，逆光虽然较难把握，但运用得当会得到意想不到的渲染效果。

拍摄数据：Nikon D80 24—70mm 镜头 P 档 点测光 F11 1/100 秒 ISO200 白平衡 自动

合理利用曝光补偿

雾凇是冰雪的结晶，反光能力较强，测光读数往往会比实际偏高，把带有反光的白色雾凇当成 18% 灰来测光，所以常会造成雾凇曝光不足，拍出的雾凇画面发灰发暗不透彻。"白加黑减"是老生常谈，是拍摄冰雪题材通用的不二法则。雾凇当然也不例外，经常需要运用到这个法则。

使用评价测光或中央重点平均测光方式时可能更要遵循这个原则，因为这两种测光方式的特点是测光区域广，评价测光的测光区域覆盖整个取景画面，中央重点平均测光也覆盖了画面中心约 60% 的区域，由于它们兼顾了取景画面中各个部位的亮度，无法精准计算雾凇的典型亮度，给出的曝光组合按 18 灰平均计算画面亮度而来，加权平均产生的结果会使白色物体曝光不足，因此在使用这两种测光方式，特别是在雾凇占据拍摄画面比例较大时，酌情增加 0.3 ~ 1.0 级的曝光量，会使拍摄出来的雾凇显得洁白明快也更加晶莹透彻。

下图，曝光补偿增加 +2/3 档，右图，按实际测光值曝光，没有补偿，两者的差别非常明显。

光圈与景深的思考

光圈本身是用来控制光线透过镜头，使 CCD 或 GOMS 感光的机械装置。光圈大小用 f 值表示，其数字越大，光圈越小，数字越小，光圈越大。但光圈的功能不仅仅是用来调节光量的，更重要的是用来控制画面的景深，也就是我们常说的被摄物体前后的清晰范围。

几乎所有的摄影书籍都会介绍光圈大小与景深的关系。为摄影初学者树立灌输光圈小景深大，光圈大景深小的基本概念。但为什么会产生景深，如何利用光圈制造景深？似乎大多数初学者并不明白其中的道理，因此在平日拍摄照片时，单一的调整光圈往往掌握不了景深的控制，这是因为景深的控制，除了光圈以外还和镜头焦距、拍摄距离以及焦点的位置有关。单独的任何一个条件都无法孤立完成景深的控制。

根据镜头成像的理论，焦点只有一个，只有对焦点上的物体才能在感光元件上结成清晰的影像，对焦物体前后会出现一个清晰的区域——即景深。只要在景深范围内的景物，就能拍摄得很清晰。

景深的大小，首先与镜头的焦距和拍摄物距有关，镜头焦距越长物距越近，景深越小。焦距越短物距越远，景深越大。其次才与光圈有关，光圈越小，景深越大；光圈越大，景深就越小。

另外，焦点前后的景深范围也不一样，一般来说前景深要小于后景深，也就是说，精确对焦之后，对焦点前面的清晰范围较小，只有很短一段距离内的景物能清晰成像，而对焦点后面很长一段距离内的景物都是清晰的。这就是为什么在拍摄大景深风光照片时，常常建议焦点放在前三分之一处的缘故。

正确理解这几个概念和相互对应的关系，才能把握好景深的控制。至于拍摄时选择采用大景深还是小景深，就取决于你是表现场景还是突出个体了。

大景深表现全景清晰

雾凇岛最大的气候特点是有雾，在太阳刚刚升起雾气还没有消散时，空气的透视度较差，即使采用大景深，拍出的风景空间清晰度也有限。因此在雾气较浓空气透视度还很差的时候，先拍些小景和近景的照片。等到空气透视度变好时，再去拍摄雾凇岛较大场景及远景的照片。

刚刚提过影响景深的因素有这样几个方面：光圈的大小，焦距的长短和拍摄的距离。为了最大程度地获得全景深，最有效的方法是使用广角端镜头，采用小光圈，拍摄较远距离的场景，可确保照片获得最大清晰范围。下图在太阳升起以后空气透视程度变好时，结合使用上述的三种方法，拍摄出一张全景清晰的风光照片。

操作密码：采用小光圈结合使用广角端是加大照片景深的有效办法。拍出来的照片会有较大的景深，光圈缩小到一定程度时，拍摄的色彩会更加饱和，有利于风光色彩的表现。

拍摄数据：NIKON D300　18—200mm 镜头　P 档　3D矩阵　F11　1/400 秒　ISO400　白平衡 自动

浅景深突出表现主体

大景深虽然可以使照片达到全区域都清晰的程度，但在突出表现某个物体的时候，整个画面全都清晰反而会使观看者分不清谁是主体，视线不知道停留在哪里，在这种情况下画面景物全清晰反而会破坏气氛，使画面变得杂乱。此时，可利用大光圈浅景深的功能将环境背景虚化掉，淡化模糊对主体干扰的背景，把视线注意力引导到突出表现的主体身上。

通过我们刚才对景深的理解后知道，用小景深突出表现主体，仅仅依靠大光圈还是不够的，想要获得理想的浅景深效果，还要配合考虑拍摄物距与与镜头焦距，"大光圈＋近距离＋长焦距"是虚化背景突出主体的三大基本要素，在突出强化某个特定的物体时，灵活运用三者关系才能把复杂的背景简单化，达到突出强化主体的目的。

这张图片结合使用上述的三个基本要素，将焦点对在严冬摧残后的枯花上，虚化掉背景的杂乱，把拍摄主体从杂乱的背景中脱离出来，让观赏者的目光集中在主体上，强调表现出主体顽强的生命力，使人联想到那曾经的美丽。

在控制景深的三个要素中，我们曾强调，景深的大小首先与镜头的焦距和拍摄物距有关，其次才与光圈有关，当焦距足够长有一定的背景距离时，较小的光圈也能让景深变小，获得虚化背景突出主体的效果。下图这张雾凇局部特写的照片，拍摄时并没有采用大光圈，而是用较小的光圈，在较远的距离用长焦拍摄也得到减小景深虚化模糊背景的结果。

操作密码：长焦距是浅景深控制的最主要手段，只有背景与主体间有一米以上的距离，即使缩小光圈也可制造小景深。图中虽然用了 F11 的小光圈，但用了 400mm 的长焦拍摄，照样取得很好的虚化背景，突出主体的效果。当然这种画面效果，还与采用了局部测光的方式有关系，局部测光的面积只有 9%，可以精准测算画面中央白色雾凇典型的亮度，忽略计算其他部位亮度后以亮处曝光，压暗了背景，让雾凇主体更加醒目突出。

拍摄数据：Canon EOS 5D Mark II 100—400mm 镜头 P 档 局部测光 F11 1/1 000 秒 ISO800 白平衡 自动

雾凇表现手法应注意的几个问题

主体位置不要居中

前面的章节我们分析讨论过主体在画面中央的问题。这是初学者很容易犯的错误，有必要再次强调如何避免这种现象。单反相机的对焦和测光装置都设计在取景器的中央位置，会不自觉的引导拍摄者将主体放在画面中央。主体居中拍出的照片缺乏想象的空间，显得比较呆板。把主体放在画面的什么位置，实际上是一个摄影构图的问题。

根据人的视觉习惯，流览画面的次序是从左到右，从上到下，然后视线会停留在画面的某一处。如果把画面想象成一个"井"字，那么井字的四个交叉点就是视线最容易停留的地方。如下图所示四个交叉点视觉感应不同，右上方的交叉点最容易诱导人们产生视觉兴趣，其次为右下方的交叉点。这几个点也被称为视觉兴奋点、黄金交叉点、或趣味中心。将主体安排在这些交叉点或是交叉点的附近，就是我们所说的井字构图法，这种构图形式符合人们的视觉习惯，把拍摄主体安排在交叉点附近会使主体自然成为视觉中心，有助于吸引读者目光后，留出想象的空间，给人以思考和想象，并使画面趋向均衡。

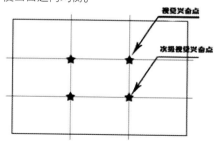

在使用井字构图时，要注意采用的测光方

式，由于取景器中的中央对焦点最容易对焦，测光时也使用中央对焦点，一般首先会在画面中心对主体对焦和测光，半按快门锁定对焦后，可以平移画面重新构图，将主体安排在黄金交叉点附近。对佳能用户来讲，这种先对焦后构图的方式只适合于评价测光，因为佳能相机只有评价测光模式下能够对焦测光同时锁定。其它测光模式下，半按快门只能锁定焦点，不能锁定测光。平移画面将产生新的曝光组合，很可能造成曝光失败。因此，在采用评价测光以外的其他测光模式时，需要用曝光锁锁定曝光后才能重新构图。这需要拍摄时特别给予留意。

我们来分析下图在评价测光模式下，对焦锁定后重新构图的画面效果。

左图把主体人物安排在画面正中央，照片看起来有些呆板。右图锁定焦点和曝光后，稍微平行移动画面，将人物主体移到右下方黄金交叉点的附近，给人物前方留下较多的空间，照片就显得活泼了一点。

以人物为主体时，视线前方留白是构图中的常用的技巧。人脸视线前方多留出一些空间，会使画面不觉得局促和紧张。通常的规律是人物视线前方留三分之二，背后空间留三分之一，会给人以思考和想象的余地。

从这两张图片比较，虽然拍摄场景相同，但不同的构图结果，给人的视觉印象却不一样，可以看出主体位置不居中的画面，更容易吸引欣赏者的视线，也显得比较生动活泼。

处理好地平线的位置

我们曾分析了解过三分法，它是黄金分割法中衍生出来的构图方式，在取景构图时将一张图片按比例上下分为三等份，常用来分配天空或地面在画面中所占的比例，利用地平线保持画面平衡，是拍摄风光照片的重要手段，改变地平线的位置来表现主体的吸引力是常用的方法。对于初学者，遵循三分法构图规则处理好地平线的位置，通常都能够拍摄出较好的风光照片。

传统的地平线安排方法公式是天空占三分之一，地面占三分之二。这种安排会产生和谐的感觉，欣赏照片时能够获得舒适的视觉感受。左图是对雾凇岛冬天的回味。岸边的江水已经冻结，冬天已经来到，被冻结岸边的摆渡船，似乎在等待雾凇岛冬天那游客纷纷的日子。

操作密码：竖幅照片给人的感觉是有深度感，人们的视线会从前景看到远景。把地平线安排在上三分之一处，突出交代地面主体和环境的关系。用高角度和广角拍摄，使景物从脚下一直延伸到地平线直至天空，使用广角拍摄，近处的物体会得到夸张，甚至可能会变形，但突出表现特定的物体时，变形可能会有更好的视觉效果。

决定把地平线放到哪个位置，是平衡画面的重要的因素。地平线放置在图像三分之一的地方，虽然是风光构图的通用原则，但任何规则都有其局限性和片面性，创造特殊效果和视觉冲觉力的时候，打破三分法的传统规则，可能得到更加具有感染力的效果。从表现内容来确定地平线的位置，更加利于对画面的表达。

拍摄数据：CanonEOS 5D Mark Ⅱ 24—70mm 镜头　P 档　点测光　F14　1/800 秒　ISO200 白平衡 自动

下图表现的是一个日出的场景，远处的地平线上一个微小的人影，在独自享受着雾凇岛日出的沐浴。为了突出表现带有故事性的日出场景，将地平线压得很低，使前景主体更加突出，这要比地平线放在画面下三分之一处的效果强烈许多。

《一个人的日出》摄影 李继强

操作密码：地面部分较暗没有需要表现的内容时，应该打破地平线上下三分之一的规律，将地平线位置降低，使画面中地面的成分减少，天空范围扩大，反之亦然。没有任何一种构图法则是一成不变的，根据表现内容若能突破常规，以艺术创新为出发点，往往能创作出令人耳目一新的视觉效果。不过再怎么创新，地平线也不宜放在画面中心，避免造成分割画面的感觉（拍水中倒影追求对称除外）。另外，地平线水平轴不宜倾斜，否则有倾覆之感，这是地平线安排之大忌。

拍摄数据：Canon EOS 5D Mark II 100—400mm 镜头　P 档　局部测光　F 9.0　1/400 秒　ISO200　白平衡 自动

处理好画面的呼应关系

呼应是让两个对象之间有一定距离。合理地安排空白距离，以体现出两者间的呼应关系。除物距之间的呼应关系外，在画面的布局中，存在着众多的呼应关系，如物体的疏密、色彩的浓淡、线条的曲直粗细，都是在相互的呼应中使画面达到均衡的。

在拍摄场合只要留心观察，合理安排组织画面，呼应关系是无所不在的，关键在于留意观察现场，用心选择拍摄角度，组织出画面的呼应关系，右上图（左）拍摄了茫茫雪地中几棵紧密贴近的小树，当两个或多个对象紧挨在一起时，就无所谓呼应关系了，右上图（右）在拍摄时后退了几步，放低拍摄角度，在前景中安排了一些寒风中飘摇的苇叶，使主体与苇叶之间产生了呼应，达到了均衡画面的效果。只是主体有些居中，如果镜头稍微向右移动，让远处的树丛偏离画面中心，效果会更好一点。

左下图右上方的明月和左下方孤单的小树遥相呼应，使画面达到了均衡的效果。最简单的呼应规则就是平衡，右下图用初升的太阳去平衡了画面。试想这张图片如果不把太阳拍进来，整个画面就失去了平衡，照片还会好看吗？

在雾凇岛上拍什么

每年专程到吉林拍雾凇的摄影爱好者不计其数，每个人都可能拍出不少理想的作品，并积累了不少拍摄心得。但对于初次上岛对环境和题材不熟悉的拍摄者，上岛以后拍什么？怎么拍？很有必要事先做点功课。对拍摄题材有一个大概的认识和了解。雾凇岛我去了很多次与雾凇结下不解之缘，对到雾凇岛拍什么有些积累和思考。

思考之一　寻找雾凇

到雾凇岛最大的拍摄乐趣，当然是寻找千姿百态的雾凇，雾凇最集中的地方是江中心的那个小岛，需要在码头乘坐摆渡船过渡口才能上岛。从影友吃住最集中的韩屯到雾凇岛码头大约 2 公里，沿江步行大约半小时才能到达码头，过七八十米宽的松花江，要乘坐这种以牵引为动力的摆渡船。一张票 20 元，管一个来回。一次能摆渡二三十人，船上拉载的几乎都是上岛拍雾凇的游客。清晨时分基本上是满船去，空船回。

拍摄数据：CanonEOS 5D Mark Ⅱ 24—70mm 镜头 P 档 点测光 F 10.0 1/640 秒 ISO200 白平衡模式 自动

　　岛上树木形状好，形成雾凇机会也多，留心观察会找到许多奇特的树形。雾凇一起，满树挂满了霜花，像在树枝外缘镶上一层白玉般的线条，宛若玉枝垂挂，景色既野又美。

　　上雾凇岛拍片不要换镜头，死冷寒天的荒郊野外，更换镜头十分不便，使用一机一头最好，估计好拍什么样的景色，在室内要事先选择安装好镜头。虽然定焦镜头拍摄的画质好，但从操作的灵活性上讲，变焦镜头最适用。

　　我一般上岛拍雾凇用的是佳能 5DII+24-70mm 镜头，感觉够用。下图是一组在 24-70mm 变焦范围拍摄的雾凇样片。

　　很多时候，耐心是很重要的摄影手段。如果找到一个非常好的雾凇场景，但又觉得色彩有些单一，不妨耐心等一等，看看有没有身着鲜艳服装的人物走进画面，来帮助你完成构图。当然除了等待也可以设计，艳丽色彩的服装在画面中会起到很好的点缀作用，如果同行的伙伴服装艳丽，可以设计安排同伴充当前景色，设计出画面的反差对比。所以外出拍摄雪景不但要给自己穿暖和了，最好要穿上色彩鲜艳的服装，让同伴相互之间都有制造画面效果的机会。

拍摄数据：CanonEOS 5D Mark Ⅱ 24—70mm 镜头 P 档 评价测光 F 8 1/500 秒 ISO100 白平衡模式 自动

思考之二　寻找图案和线条

　　小丰满水电站放出的水，带有巨大的热能，造就出几十里流淌不冻的奇境，随着流淌热能释放的减少，在水流冷热交换的物理作用下，流淌着的物体形状姿态和轮廓线条在不断地变化，留下凝结的痕迹，从这些痕迹中，你可以找到很多奇特有趣的图案和线条。那种自然抽象生成的图案和几何线条，有如来自另一个世界的视觉幻影。几乎总能使照片变得生动。

　　上图的图案，是不均衡的江水温差在冻结时形成了几何图形。不同部位的色温表现形成了奇特的色彩组合，用大自然鬼斧神工造就出的几何图案，构成一幅生动有趣的图片。

　　富于变化的几何线条使雾凇景象显得绚丽多姿，每天从松花湖间歇性放出的江水，冻了又化，化了又冻，冲刷出一条条不规则的线条，这种优美的线条沿着江岸可以随处可见，利用江水冲刷形成的不规则的曲线，搭配雾凇柳条为前景，使一幅绝佳的摄影小品轻而易举的呈现在眼前。

拍摄数据：CanonEOS 5D Mark Ⅱ　24—70mm 镜头　P 档　评价测光　F5.6　1/125 秒　ISO100　白平衡模式自动

　　操作密码：光线是摄影最基本的要素，表现线条和图案，不要忘记从光线的角度去观察画面，因为强烈的明暗对比本身就能够形成图案和线条。选择好光线角度，用合适的测光方式去强调对比，往往能够取得理想的表现效果。用点测光的方式选择画面灰区部分测光，压暗了江水，提亮了白雪覆盖的陆地。强烈的明暗对比使显现出来的线条图案十分鲜明，达到了拍摄者希望表现的画面效果。

　　拍摄数据：CanonEOS 5D Ⅱ　24—70mm 镜头　P 档　点测光　F10.0　1/1 000 秒　ISO200　白平衡 自动

雾淞岛特殊的气候条件会形成一些奇特的物体形状，但持续的时间大都是非常短暂的，大自然鬼斧神工的造化，常常会瞬间摧毁或改变。因此有些独特的图案形状，要靠机遇和缘份才找的到。下图是被流淌着的江水冲刷形成的冰凌图形。随着江面水位快速的降低，与骤冷空气接触的江岸水面结成了一层冰壳，顺着冰壳往下流淌的水流冻结成一条条晶莹透亮的冰柱。形态既抽象又独特。这种景观随时都会改变或消失，没有一定的缘份和机遇是捕捉不到的。

操作密码：有些宏观看上去不起眼的图案需要留心观察，在你的身边和脚下，随时都有可能发现一些值得捕捉的画面，用300mm长焦将远处的画面景观经过镜头放大后，产生出与肉眼观看完全不同的视觉效果。截取的画面色调简洁，用曝光负补偿，让流淌的江水黑透，使灰、白、黑三种色调区分明显，形成强烈的明暗对比，避免黑的不黑，白的不白，整体画面全面发灰的温吞效果。

拍摄数据：NIKON D300 18—200mm 镜头 P 档 F13 1/640 秒 ISO 600 白平衡 自动 曝光补偿 −0.7

思考之三 寻找前景

　　摄影最有兴趣的现象，是用二维的平面展现三维的空间。虽然摄影本身不可能再现深度，但它能极为生动的模拟深度。

　　最常用的方法是利用前景引导视线，让二维平面产生视觉差，通过视线的延伸指向去感受画面的空间距离。只要与画面的内容有关，任何东西都可用来充当前景，并能增添画面的趣味。前景可以是陪体，也可以是主体，这主要和表体的内容有关。

　　上图用江中飘浮的冰排充当前景，使画面的内容变得丰富起来，而且很容易把人们的视线引向到江岸那片雾凇的身上。前景飘浮的冰排可以看成是陪体，也可认为是主体，主要根据你从哪个角度去思考画面。且不论前景主陪体的属性，从制造画面空间感和深度感的角度来说，前景所起到的作用是无可置疑的。

　　下图是在雾凇岛太阳升起不久时拍摄的一幅照片，用的是 24-70mm 的变焦镜头，拍摄时用广角端贴近飘曳的芦苇，用较高的快门速度将随风而动的芦苇凝固住，小光圈使远处的太阳产生出星光，与夸大的前景遥相呼应，产生深远的感觉。

　　操作密码：用广角镜头贴近前景拍摄，可以将前景夸大。拍摄时，镜头尽量接近前景，越接近，夸大效果越强烈，不仅能突出强调主体，而且能为画面制造深远的空间感。自定义白平衡可以改变色调表达内心的感受，虽然早晨光线的色温比较低，但自动白平衡还原后的暖色调感觉不够强烈，因此采用了阴影白平衡模式，人为制造夸大色温偏差。使画面加重表现橙黄色调，给人以温暖的感觉。

　　不过前景运用不当会使得整个画面显得拥挤，分散对主体的吸引力，造成喧宾夺主的不良印象。因此要针对画面内容和表现意图去选择前景，不要为前景而前景，放弃前景同样会产生一张好作品。

　　拍摄数据：CanonEOS 5D Mark Ⅱ 24—70mm 镜头　P 档　点测光　F18　1/1 250 秒　ISO200　白平衡 阴影

思考之四　寻找太阳

雾淞岛上除了拍雾淞外，日出日落也是最受喜爱拍摄的一个题材，雾淞岛清晨往往雾霭弥漫，产生大雾时天空朦胧，透视度很差。所有物体在雾气的笼罩下都清晰难辨，非常暗淡，只有当初生的太阳钻出雾霭蒙蒙的天空时，才会打破阴霾的沉闷。那鲜红的太阳在雾霭弥漫的环境中，形成色彩和亮度的对比，表现出雾淞岛日出特有的一种味道。

操作密码：雾淞岛清晨雾霭弥漫，光线较暗，需要使用三角架保证拍摄质量。在光圈 7.0 的指令下把感光度提高到 400，给出的快门组合也只有 1/20 秒，镜头焦距 105mm 用焦距倒数衡量，快门速度至少 1/110 秒才能达到安全快门的数值。因此应使用三角架保证相机的稳定。拍日出前最好向房东打听好日出的方向(城里人的方向感较差，往往找不到北) 选择好拍摄方向和恰当的前景，等待雾淞岛特有的日出景象。

拍摄数据：CanonEOS 5D Mark Ⅱ　24—105mm 镜头　P 档　评价测光　F 7.0　1/20 秒　ISO400 白平衡自动　曝光补偿 −0.3

下午空气的透视度要比早晨好，所有物体在都清晰可辨，光线强度柔和适中，不用三角架也可以轻松完成拍摄。漫步在夕阳落日前的松花江畔，那清晰的轮廓，鲜明的色彩，让人感觉雾凇岛的夕阳比日出更好看，也更容易把握拍摄。

雾凇岛周围有开阔的江面，不冻的江水将夕阳倒影映入水中，将松花江畔的日落变得妩媚动人，江边树丛林立，一排排的杨柳树是雾凇岛的标志，把握好树丛之间疏密关系，可以成为拍夕阳落日的绝好背景。

操作密码：夕阳落日前光线柔和适中，不用三角架也可以满足手持拍摄的安全曝光组合。感光度 200，在 105mm 的中长焦段把光圈放大到 f/ 5.0 使镜头通光量增大，在同样光线情况下，提高了快门的开启速度，获得到 1/200 秒的安全快门值。

拍夕阳落日测光部位很关键，选择落日边缘灰区部分测光，以保证落日主体曝光正确。让地平线上的杨柳树曝光不足，压暗为剪影效果。如果以暗区的树丛对焦测光，会让落日曝光过度变成刺眼的光斑。

拍摄数据：Canon EOS 5D Mark II 24—105mm 镜头 P 档 评价测光 F 5.0 1/200 秒 ISO200 白平衡 自动

为了增强画面表现效果，利用前景拍落日是常用的技巧，下图用树叉形成的框架做前景，将落日巧妙的收入其中，这种前景只是黑色的轮廓，只有形态，没有色彩和纹理。逆光角度使其成为剪影，起到很好的框架装饰效果，烘托出斜阳西下一种独特的意境。

操作密码：长焦的优势是包含的信息没有广角大，画面的元素容易组织起来，而且长焦镜头拍出的画面有压缩感，使远景的夕阳和近景的框架紧贴在画面。虽然少了广角带来的那种纵深感，但这样容易给人带来一种静寂的感觉，画面感觉很强。

长焦对于任何轻微的抖动都非常敏感，需要更快的快门速度来凝固画面。安全值可用焦距倒数衡量，上图用 400mm 长焦拍摄，感光度提至 800 后，获得到 1/1 000 秒的高快门速度。照片的清晰度得到了保证。

拍摄数据：CanonEOS 5D Mark Ⅱ 100—400mm 镜头 P 档 点测光 F10.0 1/1 000 秒 ISO800 白平衡 自动

思考之五　寻找民俗

吉林是满族的发祥地之一，随着时代的变化，满族人的生活习俗已逐步被同化，只有地处偏僻的农村还保留着一些满族古老的民俗，雾凇岛隶属乌拉街满族镇管辖，岛上居民为发展旅游把家庭旅馆和客栈建成满族"三合院"、"四合院"的形式，拍片闲余之时与年长的房东闲聊，你会了解许多满族的民俗风情，从饮食服饰到起居建筑，从婚俗嫁娶到节日庆典，都能得到一些鲜为人知的典故。

满族有自己的文字和语言，许多满族词汇融入到东北方言之中，成为颇有特色的"东北汉语"，比如把膝盖称为"波罗盖"，腋下称为"嘎叽窝"，食物变质称为"哈拉"，办事不成功叫"秃鲁"，巧设陷阱引人上勾叫"忽悠"，没有肯定的话称为"活络话"，敲诈和要赖称作"讹人"等等。赵本山小品中一些颇为流行的东北方言，如果追根的话应该是源于满语。

按着满族人的习俗，在年节将近时，家家打扫庭院，贴窗花、对联和福字。腊月三十在家门口还会竖起灯笼杆子，从初一到十五将挂起大红灯笼彰显节日的气氛。旅游使雾凇岛进入商业化后，为了吸引游客体验关东情，不必再等到年节天天都可以看到一盏盏的红灯笼，随处都能体验具有东北特色的民俗风情。去雾凇岛除了拍雾凇和日出日落之外，东北民俗也是一个受人喜爱的拍摄题材，沿着村中的小路走一走，能够拍到不少充满浓郁东北风情的片子。

这幅画面中，金灿灿的玉米垛耸立在厚厚的积雪旁，在高高挑起的大红灯笼点缀下，构成了一幅瑞雪兆丰年的民俗风情画面。

北方的冬天，天气寒冷，在久远的年代没有办法吃到新鲜的蔬菜，因此东北民间在秋冬之际会腌渍各式各样的咸菜留在冬季食用，尽管现代生活已经完全改变了蔬菜季节，但腌渍习惯在偏远的农村仍然被保留。雾凇岛农家小院的墙角下，总能看到一些腌渍咸菜的坛子，在静静的冬日里述说着那久远的故事。

用木栅栏围成一家一户的独门小院，是东北农村独有的习俗，早年闯关东，在荒无人烟的土地上就是靠这种方式圈地为家的。这种古朴味道的"板帐子"（满语把木栅栏称为板帐子）在雾凇岛已经不多见了，生活在现代都市的摄影人最喜欢拍摄即将消失的东西了，面对即陌生又好奇的场景一定都不会错过拍摄的时机。因为若干年后也许只能在影视剧中寻找到它的身影了。

就写到这里吧，雾凇岛去了很多次，每次去拍摄的感觉都不一样，不一样的心情，拍摄不一样的作品啊。

附录

二浪河——中国第二雪乡

二浪河距中国雪乡 40 公里左右，有着与雪乡相近气候环境，但由于没有商业开发，这里始终保持着原始、纯朴的北国风貌，有人说他是十年前的雪乡，有人叫她小雪乡，总之，原始的味道和感觉，是吸引摄影人的元素之一。

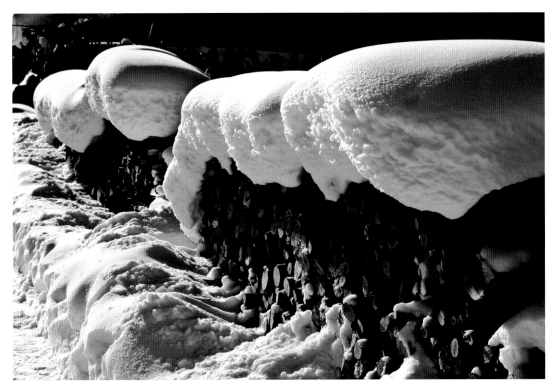

《拍摄雪的剖面》摄影 徐国庆

拍摄数据：Canon EOS 5D Mark II　光圈 11　快门速度 1/200　ISO 200　白平衡自动

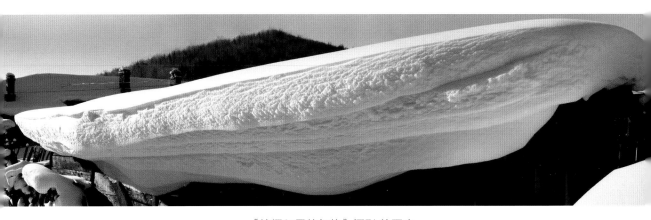

《拍摄积雪的气势》摄影 徐国庆

拍摄数据：Canon EOS 5D Mark II　光圈 11　快门速度 1/200 秒　ISO 200　白平衡 自动　中央重点测光

《表现民俗环境的接片拍摄》摄影 徐国庆

拍摄数据：Canon EOS 5D Mark II　光圈 11　快门速度 1/160 秒　ISO 200　白平衡 自动　中央重点测光

伊春——大平台的雾凇

　　大平台乡的地理位置很特殊。从行政管理上讲，隶属于黑龙江省黑河市逊光县，可由于它是林区，其林地管理又属于伊春林业局的红星林场。

　　大平台雾凇的特点：

　　冬季是大平台出片的好时节。大家都知道雾凇是由水力发电厂的水所形成的，大平台地处当地的最大河流库尔滨河沿岸，库尔滨河共有四道湾，每道湾均建有一个水力发电厂。所以每道湾都是一个独立的中心景点，这四个中心景点绵延 20 公里，走到哪儿都能拍到白茫茫的雾凇，再加上地上的石海被厚厚的白雪压得变成了一个个形态各异的上白下黑的蘑茹状。

　　作品图可以去"百度"里看看，有 40 多万张，当然，是一年四季的。

《风景这边独好》 摄影 于庆文

拍摄数据：NIKON D80　光圈 8　快门速度 1/80 秒　ISO 200　白平衡 自动

漠河——中国的最北端

　　漠河位于中国大兴安岭北麓，漠河在黑龙江上游南岸，漠河是中国版图的最北端，是中国纬度最高的县份。漠河被誉为"神州北极"，也是我国唯一一处在北极圈里的地方。北极幻日、北极光、雾凇、民俗等是很好的拍摄题材。

《久违的感觉》摄影 单勇

拍摄数据：Canon EOS 5D Mark II　光圈 11　快门速度 1/200 秒　ISO 200　白平衡 自动

魔界——冰雪摄影小品的天堂

　　我这里说的魔界，既不是电视剧的魔界，也不是电脑里的游戏，而是，长白山的魔界！就在长白山脚下的红丰村。

　　长白山脚下二道白河镇往北 7 公里处，就是红丰村，村南头有一条河，叫奶头河。奶头河发源于长白山温泉，由于地热及阶梯小电站的作用，在红丰村这一段，常年不冻。当气温到零下 20° 时这里就会出现雾凇。这里的雾凇和吉林市的雾凇不一样。由于河中那些枯树在日出时分大气蒸腾，树和水若有若无，仿佛把你带到了一个远古的世界，使人联想到美国电影《魔戒》的阴森恐怖的场景，于是摄影人把这里称为"魔界"。

　　构成冰雪摄影小品的元素很多，像魔界的元素的丰富程度让人吃惊。雾气蒸腾、小河中的枯树、一簇簇的雾凇、枝条上的霜花、雪地边缘的线条、水中的倒影、嬉戏的寒鸭、暖色的日出、冷色的天空、夕阳下金色的水面。这些元素有一种原始的味道，让摄影人流恋。

　　器材准备：

　　广角拍摄大一点的场景；

　　长焦拍摄局部和把远处到不了的场景拉近拍摄；

　　遮光罩一定要有，防止镜头吃光；

　　三脚架一定要带，日出日落弱光下拍摄用；

　　备几个塑料袋，拍摄回来缓相机用；

　　当然，存储卡、电池就不用我啰嗦了。

　　魔界的摄影作品网上广泛流传，可以在百度里输入"红丰村 魔界"点"图片"选项，可以看到 1 650 多张。

　　下面欣赏一组由于庆文同志拍摄的作品：

《远古的回声》 摄影 于庆文

拍摄数据：NIKON D60 光圈 5.6 快门速度 1/4 000 秒 ISO 100 曝光补偿 −0.3

《幻界》 摄影 于庆文

拍摄数据：NIKON D60 光圈 8 快门速度 6 秒 ISO 100 曝光补偿 −0.3

《冷静的回忆》 摄影 于庆文

拍摄数据：NIKON D60 光圈 8 快门速度 1/160 秒 ISO 200 曝光补偿 -0.7

《奶头河边》 摄影 于庆文

拍摄数据：NIKON D60 光圈 9 快门速度 1/10 秒 ISO 200 曝光补偿 -0.3

《悠远的钟声》 摄影 于庆文
拍摄数据：NIKON D60 光圈 9 快门速度 1/4 000 秒 ISO 200

《独立的感觉》 摄影 于庆文
拍摄数据：NIKON D60 光圈 9 快门速度 1/400 秒 ISO 200

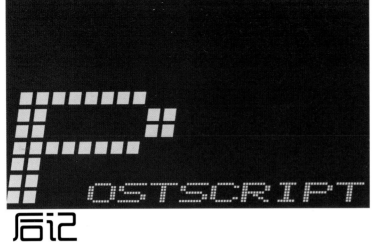

后记

我生在东北，成长在东北，我喜欢东北。

一是，分明的四季，冬天的拍摄题材得天独厚。

二是，北方的摄影人淳朴仗义，这套书就得到他们的大力帮助，查资料，敲键盘，处理插图，陪我点灯熬夜并提供作品支持，他们是吕善庆、吕乐嘉、于庆文、李英、徐国庆、单勇、何晓彦、霍英、徐立等，在这里一并表示感谢。

限于篇幅，还有很多出片的地方不能写进去或展开写，如伊春大平台、漠河极地、镜泊峡谷、魔界等，找机会吧。

冬天是冰雪摄影的收获季节，晶莹剔透的冰灯，洁白如玉的雪雕，如梦似幻的雾凇都是摄影人热爱的冰雪摄影题材。

作为东北人，欢迎来我家乡拍片。

联系我，QQ 1354178678 我熟悉道，陪您一起去。

李建强

2012.12.12